重组竹热压成形特性与理论基础

徐　康　李贤军　芦　童　葛杨琳　著

中国环境出版集团·北京

图书在版编目（CIP）数据

重组竹热压成形特性与理论基础 / 徐康等著.
北京 ：中国环境出版集团，2025. 9. -- ISBN 978-7
-5111-6272-4
Ⅰ. TB334
中国国家版本馆 CIP 数据核字第 2025V8D195 号

策划编辑 周 煜
责任编辑 孟亚莉
封面设计 宋 瑞

出版发行 中国环境出版集团
（100062 北京市东城区广渠门内大街 16 号）
网 址：http://www.cesp.com.cn
电子邮箱：bjgl@cesp.com.cn
联系电话：010-67112765（编辑管理部）
发行热线：010-67125803，010-67113405（传真）
印 刷 北京中科印刷有限公司
经 销 各地新华书店
版 次 2025 年 9 月第 1 版
印 次 2025 年 9 月第 1 次印刷
开 本 787×960 1/16
印 张 8.75 彩插 16
字 数 150 千字
定 价 45.00 元

目 录

第1章 绪 论

木材作为重要的战略性资源之一，在促进经济社会协调发展方面具有重要作用。当前，我国已成为全球第一大木材进口国、第二大木材消耗国，优质大径级阔叶材每年对外依赖超过50%，原木进口量超过全球贸易总量的1/3，导致我国木材年平均缺口达到1亿m^3以上，木材安全形势堪忧。尤其是近年来，随着森林问题政治化和国际化趋势不断加强，使得木材安全问题演变成关系我国生态文明建设和社会主义现代化建设的重大战略问题，以及复杂的国际政治问题。因此，维护和保障我国木材安全成为当务之急。近年来，我国高度重视和积极推进国家储备林建设工程，相继发布了《国家储备林制度方案》《国家储备林建设规划（2018—2035年）》，以及《“十四五”国家储备林建设实施方案》等政策文件，旨在确保我国木材安全。与此同时，积极开发利用竹材等非木材植物资源来替代部分木材资源的使用，以缓解我国木材供需的突出矛盾，成为当前我国木材工业的重要战略选择之一。

竹子是一种木质化的多年生禾本科植物，其生长特性、生物学特性等与林木明显不同，因此在资源分布与构成、资源开发与利用等方面具有独特特征。一方面，竹子有独特的地下根鞭系统和快速的更新繁殖能力，高径生长快速完成，生长周期短，生长发育独特，从发笋到成熟仅需2～3个月，是生长速度最快的植物（李延军等，2016）。例如，毛竹24小时最快可长1.21 m，3～5年即可达到利用阶段。同时，竹子采伐有助于竹林健康良性生长，具备一次种植、永续利用的特点。从全球竹资源分布情况来看，我国是世界上竹子种类最丰富、分布最广泛的国家，在竹类资源、种植面积和蓄积量方面均位居世界前列，为我国竹材工业化开发利用奠定了坚实基础。另一方面，竹子直径小、壁薄且结构中空，圆竹利用受到极大的限制。而将圆竹加工成不同类型单元，如竹片、竹篾、竹束等基本单元，再将其按不同的方式重组开发成各类竹制品，逐步成为竹材工业化利用的主流技术。同时，竹材木质素、纤维素组成特殊，易分离、易液化、相溶性好，因而又具备化学利用的基础。从全球竹加工技术发展情况来看，我国竹材利用的历史悠久，在竹材加工技术和产品创新等领域一直走在世界前列，现已发展成为全球最大规模的竹产品制造国和出口国。

近年来，绿色低碳成为全球共识，这为全球竹产业的发展带来了前所未有的机遇。尤其是在我国“两山”转化实践、“乡村振兴”战略、“碳达峰碳中和”目标及“以竹代塑”倡议等国家政策与措施推进下，我国竹产业更是迎来了广阔的发展空间。近年来的产业实践也已经证实，大力发展竹产业对于保障我国木材安全、促进生态文明建设和推动乡村振兴具有重要意义。

1.1 竹资源概况

在植物分类系统中，竹类属于禾本科Gramineae（Poaceae）、竹亚科Bambusoideae植物，全世界约有1 500余种（史军义等，2020）。依据《国际植物命名法规》（ICN）和《国际栽培植物命名法规》（ICNCP）公开发表的竹类植物，截至2022年6月底，我国有竹类植物47属、770种、55变种、251栽培品种。其中，以箭竹属竹种数量最多，为105种；玉山竹属竹种数量次之，为79 种；箣竹属竹种数量排第3位，为74种，但其种下分类群数量排第2位，为51个；刚竹属竹种数量虽排第4位，为70种，但种下分类群数量却最多，有110个（史军义等，2022）。我国竹林面积约756万hm^2，占森林面积的3.31%，立竹量超280亿株，竹林生物量达4.2亿t，每年可开发利用的竹材超1.5亿t。然而，当前每年竹材采伐使用量仅为0.4亿t，尚有1.1亿t被闲置或浪费，竹资源利用率不高。从竹资源分布情况来看，全国21个省、自治区、直辖市均有分布，自然分布于东起台湾、西到西藏、南至海南、北到辽宁的广阔区域，集中分布于长江以南的16个省（自治区、直辖市）（史军义等，2020）。其中，竹林面积在30万hm^2以上的有福建、江西、湖南、浙江、四川、广东、广西和安徽8个省（自治区），合计面积为678.50万hm^2，占全国竹林面积的89.72%（冯鹏飞等，2023）。

毛竹（*Phyllostachys edulis*）是世界上最重要的经济竹种之一，因其优良的材质，成为我国人工竹林面积最大、经营历史最悠久、开发利用最深入的竹种。据《2021中国林草生态综合监测评价报告》显示，我国毛竹林面积占竹林总面积的69.78%，面积达527.76万hm^2；毛竹株数143.30亿株，其中毛竹林株数121.74亿株，占84.95%，散生毛竹株数21.56亿株，占15.05%，每公顷株数2307株。全国有13个省份有毛竹林分布，其中面积在70万hm^2以上的有福建、湖南、江西和浙江，4个省份面积合计421.64万hm^2，占全国毛竹林面积的79.89%；毛竹林平均胸径为9.50 cm，平均高度10.20 m（冯鹏飞等，2023）。

1.2 竹产业现状

我国竹栽培与利用历史悠久。英国著名学者李约瑟在《中国科学技术史》中指出，东亚文明过去被称作“竹子文明”，中国则被称为“竹子文明的国度”。纵观我国现代竹产业的发展历程，可以将其大致分为三个主要发展阶段，分别是：竹材资源的初步利用与原始积累阶段（1978—2000年）、广泛利用与高速发展阶段（2000—2015年），以及创新利用与转型发展阶段（2015年至今）（陈昌铭等，2024）。第一阶段，竹产业实现了由手工到自动、由竹制品到竹材加工产品的转变，逐步形成新兴的竹材加工业，为缓解我国木材供需矛盾起到了积极作用，也奠定了我国竹产业发展的坚实基础。第二阶段，竹材科技水平取得了长足的进步，促进了竹材加工业由初级加工向精深加工的转变，在产业规模、产值效益等方面均取得了显著的成效。第三阶段，随着竹产业迈入新发展阶段和新常态阶段，产业在淘汰落后技术、结构调整与转型升级中得到进一步发展，竹产业逐步形成从资源培育、产品制造到技术研发、设备集成等配套完备的产业体系。目前，我国竹产业相关企业超36万家，已开发出100多个系列、上万种竹产品，产业年综合产值超4 000亿元，年均增速达30%以上。竹产品出口至日韩、欧美、东南亚近110个国家和地区，年出口贸易总额超27亿美元。

我国竹加工产业作为竹产业的支柱，整体技术水平处于世界领先地位。近年来，先后自主开发了重组竹、竹集成材、竹缠绕复合管、竹展平板、竹代塑产品等各类竹制品，显著拓宽了竹材的应用领域，提高了竹材的附加值。其中，重组竹具有材料利用率高（将竹材的一次利用率从50%左右提高至约90%）、力学性能优异、耐候性强、装饰效果好等显著优势，完全改变了人们对竹材的原有认知，成为我国竹产业的核心主导产品，开启了竹材工业化利用的新时代（齐越等，2023）。据不完全统计，我国重组竹企业有100多家，其中冷压热固化生产线80余条（生产重组竹方材），热压生产线50余条（生产重组竹板材），年生产能力约100万m^3（于文吉，2019），重组竹产品广泛应用于装饰装修、家具建筑、工程结构等领域，出口至美国、欧洲、日本、韩国、东南亚等100多个国家和地区。

1.3 重组竹热压成形研究现状

1973年，澳大利亚联邦科学与工业研究院（CSIRO）将木材边角料、小径级木材、枝丫材等低质材料碾压成网状木束，并通过施胶、模压处理，首创了一种新型人造实体木材——重组木（Scrimber）（余养伦等，2024）。该材料保留了原始的木材纤维排列方向和基本特性，使得板材的物理力学性能远超木材本身。然而，由于原料单元制备的技术不完善以及制造成本较高等因素，尚未能成功实现规模化生产（于文吉，2023）。受到重组木的启发，20世纪80年代末期，我国高校和企业的研究人员开始着手竹材重组技术的研究。

重组竹是以竹束或纤维化竹单板为基本单元，经过干燥、热处理、浸胶、顺纹组坯、热压成形等工序制备而成的新型竹质板材或方材。重组竹方材采用“冷压-热固化成形技术，在70～80 MPa的压力条件下，将浸胶竹束板坯在方形模具中高压定型，然后将板坯连同模具一同送入高温隧道中进行固化处理，待树脂完全固化并且板坯冷却后再进行卸模处理（周岩等，2024）。这种热固化方式存在热传导效率低、固化周期长、能量消耗大等缺陷，并且过高的冷压压力还会导致竹材细胞组织的过度压溃破坏，进而降低竹材本身的刚度和强度。为了缩短板坯的热固化周期、提高生产效率，重组竹板材的热压成形工艺借鉴了木质人造板的制备方法，即采用了热压成形法。其制造工序如图1.1所示，在温度为140～160℃、压力为5～7 MPa的条件下，对浸胶竹束板坯进行热压成形处理。相比于“冷压-热固化”成形法，采用热压成形法不仅可以显著提高重组竹的成形效率与生产效率，还能明显改善重组竹产品的物理性能与力学性能。

1.3.1 热压成形技术工艺

重组竹热压成形过程中，压力的传递和热量的传导都需要一定时间，以确保浸胶竹束板坯能够达到目标厚度与密度，并使板坯温度场升至酚醛树脂固化所需温度。因此，热压压力的大小、热压温度的高低以及热压时间的长短等，对其热压成形过程均具有重要影响。目前常用的热压成形方法主要包括“冷进-冷出”热压法及“热进-冷出”热压法两种。

“冷进-冷出”热压法，首先将顺纹铺装的浸胶竹束板坯放置于未升温的热压板上，随后压机闭合的同时开始进行升温操作。待热压板升温至140～160℃后保持30～60 min的保温保压时间。之后停止加热，并继续保持压机闭合状态并通入冷却水，将板材降至约70℃后卸压出板。由于“冷进-冷出”热压过程中存在浸胶竹束板坯由室温升温至140～160℃的升温段，导致板坯受热时间延长，

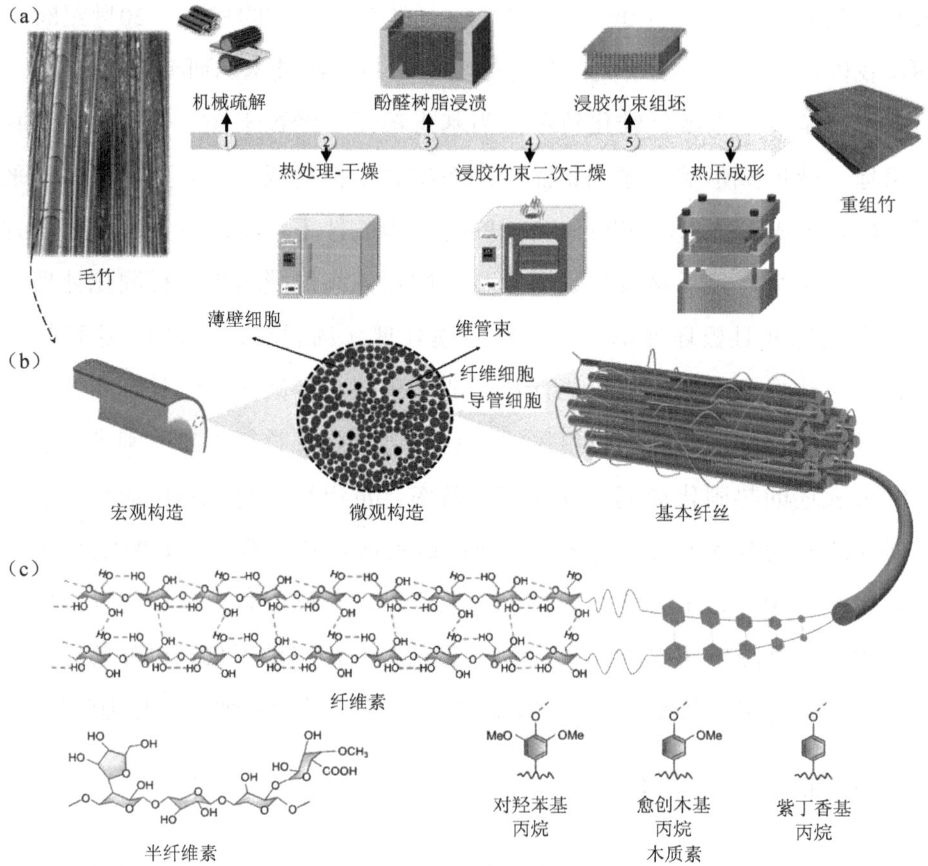

图 1.1 制造工序

(a) 重组竹制备工艺流程；(b) 竹材解剖构造；(c) 竹材化学组分

可能会造成表层竹束热降解或胶黏剂脆性增加，从而对重组竹的物理力学性能产生负面影响。“热进-冷出”热压法，是指待热压板温度升至140～160℃后，再放置浸胶竹束板坯。随后，快速闭合压机并进行30～60 min的保温保压。保温保压结束后停止加热，并维持压机闭合状态，通冷却水，使板材降温至约70℃后卸压出板。相较于“冷进-冷出”热压法，“热进-冷出”热压法省略了将热压板从室温升至指定温度的过程，既减少了浸胶竹束板坯受热时间，又缩短了热压周期。然而，由于“热进-冷出”热压法直接将浸胶竹束板坯放置于

140～160℃的热压板中，所以热压初期板坯内部温度传导极快，水分快速蒸发，与“冷进-冷出”热压法相比可能会产生更大的蒸气压力，进而导致重组竹产生鼓泡、分层等热压缺陷。

叶良明等（1991）采用“热进-冷出”热压成形法，系统研究了不同热压温度（125～145℃）与热压压力（2.45～4.41 MPa）对重组竹物理力学性能的影响。研究结果表明，随着热压温度的升高或者热压压力的增大，重组竹的弹性模量（Modulus of Elasticity，MOE）呈上升趋势，而静曲强度（Modulus of Rupture，MOR）则先增加后下降。通过正交工艺优化得到最佳重组竹热压工艺参数：热压温度在130～140℃、单位热压压力为3.43 MPa左右、热压时间为0.9 min/mm。

汪孙国等（1994）研究了热压成形过程中不同的温度和时间对重组竹物理力学性能的影响。研究结果表明，随着热压温度升高和时间的延长，重组竹的MOR、MOE和尺寸稳定性都得到了提高。此外，较高的热压温度还可以显著增强重组竹的内结合强度（Internal Bonding Strength，IB）。然而，延长热压时间会导致IB先增加后减少。这表明通过延长热压时间可以提高竹束板坯的软化程度，促进塑性变形并降低板坯的压缩应力。然而，随着热压时间的延长，酚醛树脂胶的固化速度也会增加，导致重组竹表面易形成硬壳层而不利于压力的传导，并且酚醛树脂的过分固化还会导致重组竹变脆，进而降低重组竹的力学性能。另外，随着热压时间的增加，热压能耗也会相应增加，从而导致生产成本上升、生产效益降低。因此，在确保不降低重组竹性能的前提下，浸胶竹束板坯在进行热压时应尽可能缩短周期。

程亮（2009）采用多段热压法进行研究发现，随着热压温度从140℃升高至180℃，重组竹的MOR增大23%、IB则增大3.2倍，而MOE的变化很小。这可能是热压温度增加后芯层温度升温速率加快，提高了板坯芯层酚醛树脂的固化率，进而改善了重组竹的胶合性能。左迎峰等（2016）研究同样发现，热压温度对重组竹物理力学性能有显著影响，原因可能是随着热压温度升高，胶黏剂的固化速度加快，并且板坯由表层向芯层的传导热量的速率也会加快，在此过程中芯层温度迅速上升导致芯层固化率提高，从而改善了重组竹的胶合性能。

通过正交试验，毛燕清（2014）确定了实验室条件下重组竹的最佳“热进-冷出”热压工艺参数为155℃、4.5 MPa、1.5 min/mm。基于此结果，在工业生产制备重组竹时，推荐使用热压温度为140～180℃，热压压力控制在3～5 MPa，热压时间为0.9～1 min/mm。具体的热压工艺参数随所需的重组竹规格和实际用途而有所变化。

热压压力的作用主要是克服浸胶竹束板坯在压缩过程中产生的反作用力，并促使板坯中的空气和水分排出，从而增加浸胶竹束之间的接触面积，以满足产品的尺寸规格要求。热压压力的大小直接影响浸胶竹束板坯在压缩过程中竹束之间的接触程度以及重组竹的密度和厚度等。戴恁（2012）研究了热压压力（1.5～2.5 MPa）对重组竹尺寸稳定性、MOR、MOE、IB、耐磨性、耐化学腐蚀性等理化性能的影响。研究结果表明，当热压压力小于2.0 MPa时，随着压力增加，重组竹整体物理力学性能得到提升；当压力大于2.0 MPa时，虽然尺寸稳定性、耐磨性和MOR等指标仍会随着压力增加而增强，但其增长速度减缓，并且耐酸碱腐蚀性、IB和MOE等指标则呈下降趋势。这说明过高的热压压力可能会破坏竹材纤维细胞结构，导致其力学性能下降，并最终影响重组竹产品的物理力学性能。

1.3.2 热压成形基础理论

重组竹热压成形的本质，即在“湿热-化学-载荷”多维耦合作用下，使浸胶竹束板坯发生横向压缩大变形。该过程包括热量传递、板坯流变成形和树脂固化等多个物理化学动态过程。基于物体碰撞物理学（Collision）理论，Pineda等（2021）从竹束空间排列和水平密度分布角度出发，利用一种新型三维模拟器用于模拟竹束板坯热压成形过程，并预测重组竹板材的水平密度分布。该研究探究了板坯厚度（15～40 mm）、竹束单元宽度（20～140 mm）和厚度（5～

10 mm），以及竹束厚度锥度（0～71%）等因素对重组竹水平密度分布的影响，并利用该模型进行了验证。结果表明，竹束板坯整体厚度（层数）的增加以及竹束单元宽度、厚度和锥度的减小，都会增强热压后重组竹的密度分布均匀性。该模型为研究浸胶竹束板坯热压成形过程提供了重要参考。Lu等（2023）和Ge等（2024）研究了热压参数（包括热压温度、时间和压力）和物性参数（包括浸胶竹束板坯初含水率、目标密度和目标厚度）对热压过程中浸胶竹束板坯内温度和蒸气压力的影响。研究结果表明，当浸胶竹束板坯初始含水率为10%左右时，有利于提高热压过程中的传热效率；同时，高热压温度（170℃）和高热压压力（6～7 MPa）条件，也可有效提高浸胶竹束板坯的传热效率。田心池等（2023）研究了不同板坯幅面（450～2 700 cm^2）对热压过程板坯内部温度变化的影响规律，并基于灰色预测方法建立了板材内部温度场变化的预测模型。研究结果表明，随着浸胶竹束板坯铺装幅面的增大，板坯芯层升温速率、恒温时长以及板坯整体热压周期显著延长。此外，较大的板坯铺装幅面会加剧热压过程中板坯芯层的“锅炉效应”，导致芯层最高温度甚至超过热压温度。Chen等（2024）将浸胶竹束板坯热压成形过程分为了四个阶段：第一阶段，在热压板快速闭合后，板坯的压力迅速升高至最大值，使热量快速传递至板坯中；第二阶段，在高温条件下，板坯经历了湿热-机械软化和黏弹性蠕变的过程，直至达到目标厚度；第三阶段，由于树脂固化和竹材的黏弹性响应作用，板坯开始发生应力松弛；第四阶段，在热压机压板完全打开之前通过排气和卸压处理来缓慢释放板坯内部积聚的湿热蒸汽，以避免重组竹表面产生鼓泡等热压缺陷。

上述研究加深了对重组竹热压成形过程的理解，为进一步提高重组竹的热压成形质量与生产效率提供了理论支撑。热压过程中，在“湿热-化学-载荷”多维耦合作用下，浸胶竹束板坯发生厚度方向的压缩大变形。其力学行为响应可分为两个阶段：弹塑性变形段和应力松弛段。其中，在弹塑性变形段，竹束间由可见缝隙构成的宏观孔隙、竹材基本组织和维管束单一细胞内的细观孔隙，以及竹材细胞壁上的微观孔隙会逐级响应。纤维素结晶区和高分子无定形区（Matrix）也将分别发生弹性形变和弹塑性形变。而在应力松弛段，在湿热耦合作用下，浸胶竹束板坯内结晶区和Matrix相对含量将发生改变，三大素（纤维素、半纤维素与木质素）之间的构造关系和键合关系也将会重排。此外，浸胶竹束板坯内部还会出现多个物理和化学松弛过程。如非结晶区纤维素、半纤维素分子链滑移产生的物理松弛（Hao et al.，2018）；Matrix基体（主要是木质素）因热软化而导致的物理松弛（Vural et al.，2018；Shrestha et al.，2017）；Matrix基体内半纤维素分子与非结晶区纤维素分子间通过氢键结合所引起的物理松弛，以及少量半纤维素降解所产生的化学应力松弛（邵亚丽等，2021）。同时，随着热量从热压板逐渐传递至板坯芯层，附着在竹束上的酚醛树脂胶黏剂会在温度作用下产生熔融流动，并渗透到细胞结构中形成机械互锁网络。此外，树脂与三大素之间还可能形成化学键结合，进一步促使浸胶竹束板坯内部应力得到松弛（Chen et al.，2022）。在理想状态下，浸胶竹束板坯在"湿热-化学-载荷"多维耦合作用下会发生显著的压缩大变形。其中，板坯内部产生的弹性形变一部分通过应力松弛转化为塑性变形，另一部分通过竹束-树脂机械互锁网络锁定，以实现浸胶竹束板坯内部力学状态的动态平衡。因此，在重组竹热压成形过程中，浸胶竹束单元原有物理结构发生的弹塑性压缩形变以及竹束-树脂体系发生的化学缩聚固化反应所导致的宏微观物理化学构造重构，对热压后重组竹的物理性能、力学性能以及耐候性能等产生了非常大的影响。截至目前，国内外有关重组竹热压成形过程中板坯流变特性的研究仍存在较多不足，进而严重制约了竹材热压重组工艺优化与技术创新。

1.3.3 热压成形传热传质模型

在热压过程中，浸胶竹束板坯内部同时发生传热与传质现象，即热量传递与水分迁移的协同作用过程，这两者之间相互耦合、相互影响，显著影响板坯的压缩致密化行为。总体上，热压板将热量传递到浸胶竹束板坯的表层，而后通过温度梯度作用从表层向芯层进行热传导，导热对板坯芯层的升温过程起主导作用；同时，在板坯内部的部分水分吸收了热量并汽化成水蒸气，在蒸气压力梯度作用下形成对流传热。经进一步研究发现，表层水分受热汽化为水蒸气后主要沿板坯厚度方向扩散至板坯次表层，在这个过程中部分水蒸气发生冷凝放热（Bolton et al.，1988）。此时，板坯次表层在冷凝放热与热传导的共同作用下逐渐升温，直至达到汽化温度后，次表层的水分被加热汽化为水蒸气后向芯层低温区域迁移，并再次发生冷凝放热。如此循环往复，直到芯层的温度达到了水分汽化的温度。此时，板坯已基本上实现了热压密实，而水蒸气则通过扩散流动高度集中于板坯芯层。之后，水分的主要移动路径开始由板坯厚度方向迁移变为水平方向扩散，在板坯边缘处溢出的蒸汽量增加（Thoemen等，2006；杨瑾瑾等，2008）。Yu等（2007）研究了湿板坯与绝干板坯热压过程中的芯层升温过程，发现气体流动与水分相变共同主导热量对流传递。在热压初期，对流传热明显加速了板坯芯层温度的升温速率。然而，在热压中后期，由于水分汽化的吸热效应，导致板坯芯层温度的上升速度减缓。在热压后期，板坯内气液相变基本结束，并且芯层温度达到汽化温度，此时竹束单元间的导热成为主要传热机制。在该阶段，芯层温度逐渐接近压板温度。因此，测定板坯芯层温度可以作为评估热量传递进程的重要依据。

关于人造板热压成形传热传质模型的研究，主要集中于刨花板、纤维板等传统木材人造板领域。Kayihan等（1983）提出，刨花板的热压过程包含了内部传热传质、应力松弛与再分布，以及胶黏剂缩聚固化反应等多个阶段。基于此，作者构建了刨花板热压过程一维厚度方向上的传热传质模型。Humphrey等（1989）和Bolton等（1989）在前人研究的基础上进一步考虑了刨花板纵向和径向的热量与水分传递过程，以及水分传递过程中的相变问题，并采取有限差分法提出了刨花板热压过程的二维传热传质模型。该模型能够有效地预测板坯内部蒸汽压和温度随时间变化的趋势，并且与实验值较相符。随后，Hata等（1990）通过有限元数值分析，在常规热压及喷蒸热压两种情况下建立了刨花板板坯内部的传热数学模型，并发现在常规热压过程中，板坯芯层温度与其厚度的平方成反比。与实验结果对比表明，该模型可以较好地预测刨花板在热压过程中的温度分布情况。Thoemen（2000）通过试验和模型分析发现，在水蒸气不断迁移至芯层时，对流成为主要的内部传热方式；而孔隙不连通区域或无法流通水蒸气的区域则以导热为主。García（2002）基于能量与质量守恒方程构建了定向刨花板热压过程中的传热传质数学模型，该模型可以预测定向刨花板板坯在热压过程中三维方向上的温度、压力和含水率的动态变化。谢力生（2003）建立了干法纤维板热压过程中的传热数学模型，该模型能较好地预测不同工艺参数条件下干法纤维板内部温度变化情况。Zombori等（2004）通过数值模型研究了木质复合材料热压过程中温度、含水率、相对湿度及蒸气压力的实时变化，并通过试验对比验证不同工艺参数（如板坯初含水率、密度和热压温度）对传热传质实测值与模拟值之间差异的影响，证明该模型具有较高的可信性。施静波（2012）考虑了水蒸气与空气的对流与分子扩散、热传递与对流换热和吸附效应等，构建了中密度纤维板热压过程的二维传热传质模型，可以较好地反映实际热压过程中板坯内的温度和气体压力变化情况。

由于人造板原料参数、板坯气体渗透性、板坯热导率等板坯相关参数的缺失，早期建立的人造板热压过程中传热传质模型所采用的相关参数大多是从实体木材参数中取得的，这对模型的精确度产生了影响。Dai等（2004）认为，由于板坯是一种由原料单元、胶黏剂、水、空气等组成的复合体，因此在研究板坯热压成形时应综合考虑各参数的影响。基于质量守恒、气体流动动量、能量守恒和树脂固化动力学等基本原理，并结合上述因素，作者建立了木质复合材料热压过程中温度与水分变化的理论模型，并提出该模型受板坯密度、渗透率与热导率等板坯属性影响较大。在此基础上，Dai等（2005）通过考虑原料尺寸及原料间相互压缩情况求解了木质复合材料板坯的孔隙率及渗透率，并根据板坯内固相、液相及气相三相变化计算板坯的比热及热导率。Thoemen等（2006）在考虑到三维方向上板坯渗透性与热导率的修正关系的基础上，进一步将吸附潜热、蒸发潜热及水蒸气黏度等相关参数纳入模型，以提高木质复合材料热压过程中传热传质模型的准确性。Gupta等（2013）利用有限差分法建立并求解了中密度纤维板的热压模型，该模型考虑了树脂缩聚固化的放热反应对传热的影响，并能较准确地预测脲醛树脂胶黏剂在热压过程中的固化程度。

基于对刨花板、纤维板等传统人造板传热传质的研究成果，一些学者对重组竹或竹材在热压过程中内部的热质传递规律进行了有益探索。丁沪闽（2012）对重组竹热压过程板坯内部的温度变化进行了初步探索，结果显示，板坯中心层温度的变化曲线可分为温度缓慢传递阶段、快速升温阶段和慢速升温阶段；板坯初含水率越高，传热效果越好。崔璨（2017）对重组竹喷蒸热压工艺进行了研究，发现重组竹导热系数为0.11～0.13 W/（m·k），且与密度、含水率均呈正线性相关。孙照斌（2006）对竹材热压干燥过程中水分迁移进行了研究，发现该过程主要受温度梯度及含水率梯度的共同作用。在初期的热压干燥阶段，由于含水率梯度差较高，水分迁移主要靠毛细管张力作用；而后期随着含水率梯度差变小，水分迁移以扩散方式为主，并且整个过程的水分迁移速率取决于竹材内部的水分迁移速度。田心池等（2022，2023）研究了含水率、板坯幅面尺寸、密度等对重组竹热压过程温度场的影响规律，并建立了灰度预测模型，预测模型精度较高。Chen等（2024）研究了不同密度（0.9 g/cm^{3}和1.1 g/cm^3）重组竹热压过程中表层、中间层和芯层的温度分布规律，并与胶合板及定向刨花板进行了对比，重点阐述了热压过程中板坯孔隙结构变化对温度分布的影响。相较于木材人造板热压过程，重组竹的热压更具挑战性。目前关于重组竹热压过程中的传热传质研究仍存在许多不足。

1.3.4 热压成形流变本构模型

本构模型（Constitutive Model），又称材料的力学本构方程，或材料的应力-应变模型，是描述材料的力学特性（应力-应变-强度-时间关系）的数学表达式。本构模型分为唯象（经验）模型和理论模型，其中理论模型包括宏观和微观两种。微观模型将每个粒子视为独立实体，并根据粒子间的分布预测应力和应变之间的关系。宏观模型则将散体物质视为连续体或相互作用连续体，并描述整体的应力-应变行为。流变模型属于宏观本构模型中的一种，通过时间函数来描述应力和应变之间的关系，并能够预测材料在各种加载条件下的流变行为（Stokes，2020）。根据流变学内涵，木竹质材料的流变特性主要包括弹性、塑性和黏性三种基本性质。若材料同时具有弹性组分和黏性组分，则称该材料力学性质呈现出黏弹性。黏弹性力学行为是速率相关行为，它的响应可以看作是弹性与黏性相互作用的结果。在施加载荷时，弹性变形表现出瞬时性（与速率无关）、变形过程中储存能量性、变形可恢复性，而黏性效应随着时间的推移而发生（与速率相关），在变形过程中会发生能量耗散现象。

虎克体弹簧、牛顿体黏壶和圣维南体滑块摩擦件是三个基本元件（图1.2），它们分别代表了材料的弹性、黏性和塑性这三种基本力学特性。通过将它们进行串联或并联组合排列，可以模拟材料在受到应力作用时的不同流变行为。因此，常被用于构建材料的本构模型，尤其是黏弹性模型和流变力学模型。理想弹性模型又称为虎克弹性模型，通常用理想弹簧表示。其本构方程为胡克定律（Hooke's Law），其表达式如式（1.1）所示。理想黏性模型又称为牛顿流体模型，通常用黏壶（或阻尼器）来表示。黏壶内充满牛顿流体和一个可移动的活塞。活塞在牛顿流体中的移动速度与所受阻力成正比，这反映了黏性介质内任一点的应力与该点处应变速率成正比例关系的特性，其表达式如式（1.2）所示。理想塑性模型又称为Saint-Venant塑性模型或刚塑性模型，通常采用两块接触的粗糙面表示，表达式如式（1.3）所示。

$$\sigma(t) = E \times \varepsilon(t) \tag{1.1}$$

式中，σ 为应力；E为弹性模量（杨氏模量）；ε 为应变。

$$\sigma\left(t\right) = \eta \times \dot{\varepsilon}\left(t\right) = \eta \times \frac{d\varepsilon(t)}{dt} \tag{1.2}$$

式中，η 为整体阻尼系数或黏性系数。

$$\sigma = \sigma_s \tag{1.3}$$

式中，σ_s 为整体屈服应力。

目前，常见的流变模型有开尔文-沃伊特模型（Kelvin Voigt Model）、麦克斯韦尔模型（Maxwell Model）、宾汉姆模型（Bingham Model）和伯格斯模型（Burgers Model）等。

图 1.2 弹簧、黏壶和摩擦件三种主要理想元件模型示意图

浸胶竹束板坯热压成形是将竹材进行压缩并塑化定型的过程，该过程与竹材自身特性密切相关。作为一种非均质、各向异性、多孔天然生物质材料，竹材兼具弹性特征和黏性特征，两者与竹材物理构造特征密切相关，从而对热压过程中板坯的压缩流变与塑化定型产生影响。如图1.1（b）所示，从宏观构造上来看，竹材中空壁薄，其壁层结构由以薄壁细胞构成的基本组织及其包围着的厚壁细胞为主的维管束构成，并沿径向呈连续梯度分布，形成了外密内疏的特殊非均质结构（Tan et al.，2011；Chen et al.，2020）。从解剖构造来看，毛竹主要由纤维细胞（约占40%）、薄壁组织（包括基本薄壁组织和维管束薄壁组织，约占52%）、导管以及筛管等构成（连彩萍等，2018）。纤维细胞呈椭圆形，多为厚壁细胞，通常以纤维鞘束状排列在导管周围，主要承担外力冲击载荷，是竹材力学强度的主要来源；薄壁组织由长细胞和短细胞构成，多为椭圆形和多边形，在维管束之间分布，主要用于储藏营养物质；导管和筛管被纤维细胞包裹着，其细胞腔具有大而薄的特点，主要用于输送水分、无机盐和营养组分（韦鹏练，2017）。邵卓平（2003）和王志威等（2022）以竹片为研究对象，探讨了竹材在横纹压缩下的宏观力学行为。他们采用材料力学和细观力学等分析手段，计算获得了竹材纤维和基体的相关力学性质参数，并构建了竹材有限元分析模型并进行数值模拟分析。研究结果表明，竹材在动态横纹压缩过程中的力学性质与普通泡沫材料类似；应力-应变曲线总体呈单调增加趋势，并可划分为三个阶段：即线性弹性阶段、屈服后弱线性强化阶段，以及幂强化阶段。当竹材承受横纹压缩载荷时，其基本组织作为主要载体传递压缩载荷，在受压过程中相互挤压，并将受到的荷载传递给纤维鞘。在弹性变形阶段，竹材整体解剖构造尚未被破坏，薄壁细胞由圆形变为椭圆形，该变形具有可恢复性，而作为增强相的厚壁纤维细胞承担着主要的载荷功能（Jin et al.，2021）。随着持续施加压应力，维管束周围的薄壁细胞逐渐塌陷、压扁直至压溃，以提供变形和位移空间，而厚壁细胞的结构基本保持不变（邵卓平，2004）。当基本组织完全塌陷后，竹材进入致密化压实阶段。

另外，竹材的黏弹性与竹材自身复杂的化学成分密切相关。如图1.1（c）所示，竹材是由纤维素、半纤维素和木质素构成的高分子聚合物。其中，纤维素是许多吡喃型D-葡萄糖基在1、4位以β-甙键相互连接而成的线形高聚物，在纤维素大分子之间形成接连结构，在纤维素大分子排列最致密区域可观察到纤维素分子链平行定向排列并形成结晶区；随着致密度减小，大分子链之间的结合程度减弱，存在较大间隙且排列趋于不平行，形成非结晶区或无定形区。半纤维素是在高尔基体中合成并在细胞壁形成过程中与纤维素同时沉积到细胞壁的多糖类物质（Terashima et al.，2009），由两种及以上糖基构成且带有多种短侧链，其主链与构成结晶纤维素的葡聚糖链相似，可与微纤丝中的葡聚糖链相结合（Simmons et al.，2016）。木质素是竹材中仅次于纤维素的化学成分，是由苯基丙烷结构单元通过醚键和碳-碳键连接构成的三维空间结构芳香族无定形高聚物（熊福全等，2019），基本结构单元为愈创木基丙烷（G）、紫丁香基丙烷（S）和对羟基苯丙烷（H）三种结构单元。纤维素、半纤维素和木质素在竹材组织构造中并非分离、独立存在，由这三者构成的细胞壁可以被视为由弹性体微纤丝和具有黏弹性的无定形高分子物质（Matrix）所构成的具有“节点”和“开关”的三维架桥结构（Booker et al.，1998）。其中，三维架桥结构是纤维素、半纤维素以及木质素相互渗透网络的叠加。氢键网络（Hydrogen bond-net）代表碳水化合物之间以及木质素与碳水化合物之间的氢键网络；木质素-半纤维素共价键网络（Lignin-Hemicellulose covalent bond-net）代表木质素与半纤维素之间的共价键网络；木质素内部结构网络（Lignin bond-net）代表木质素大分子之间的物理结构（Navi et al.，2004）。

综上所述，竹材化学组分结构和性质的多样性决定了其在横纹压缩条件下力学状态演变行为的复杂性。在竹材横纹动态压缩过程中，每根微纤丝的螺旋结构都会发生垂直于轴线方向的变形（邵亚丽等，2021）。其中，微纤丝晶体区域的大分子主要表现为弹性变形，这些区域所储存的弹性能被认为是导致横向压缩形变的主要原因之一。除了纤维素结晶区外，在湿热条件下竹材其他化学组分如木质素也会发生塑性变形（Navi et al.，2004）。此外，由于纤维素、半纤维素以及木质素之间存在较强的键合网络，在压缩过程中若不改变三大成分之间的三维架桥键合网络结构，则压缩后的竹材仍然处于亚稳态，在湿热条件下甚至可恢复到原始状态。

目前，关于竹材压缩成形过程流变模型的研究较少。然而，木材、秸秆、棉花等生物质纤维压缩成型流变模型的研究可为竹材压缩成形过程的研究提供一定参考。Peleg（1983）根据农业秸秆压缩力学特性构建了Peleg流变模型，并验证了该模型在描述非线性黏塑性材料流变行为的准确性。朱凯等（2014）基于五元件广义Maxwell模型、三元件广义Maxwell模型和Peleg模型参数，采用Matlab软件对试验测试数据进行拟合分析，并以获取的信息量和拟合决定系数作为评价指标，构建了棉花秸秆的应力松弛本构模型。闫翠珍等（2015）基于三元件广义Maxwell模型和四元件广义Maxwell模型两个流变模型系统研究了秸秆高密度压缩成形过程的应力松弛特性，并通过Matlab软件中的cftool工具对试验数据进行拟合，其研究结果表明四元件模型拟合效果优于三元件模型。霍丽丽等（2013）探讨了秸秆、花生壳和木屑等多种生物质原料的压缩成形过程，在此基础上构建生物质颗粒成形燃料的黏弹性本构方程，并从流变学角度阐述了生物质燃料压缩成形机理。其结果表明黏弹性本构模型能较好地描述致密成形阶段的应力-应变曲线，拟合决定系数达到0.99以上。

相较上述纤维物料的压缩成形过程，重组竹热压成形过程存在热压温度高、基本结构单元大、化学组分复杂多相以及胶黏剂逐步固化等复杂因素，导致其热压成形过程中的流变行为更加复杂。邵卓平（2004，2003）较早进行了竹材径向和弦向压缩力学行为的研究。应力-应变曲线和微观构造变化表明，竹材在径向施压和弦向施压下具有相同的屈服极限、屈服行为和宏观力学行为，整个压缩大变形过程可分为线弹性阶段、屈服后弱线性强化阶段和幂强化阶段。涂道伍等（2007）以毛竹为研究对象，探讨了不同恒定温度（20℃、45℃、70℃、95℃）以及竹材不同初含水率（0、12%、21%）条件对其横纹压缩应力松弛特性的影响，并采用五元件广义Maxwell模型建立了竹材横纹压缩应力松弛模型。试验结果表明，五个元件参数受温度和含水率影响较大，所构建的五元件模型能较好地模拟毛竹横纹压缩应力松弛行为。涂道伍等（2008）还使用四元件Burgers模型研究了毛竹在上述温度和含水率，以及不同应力水平（2.5 MPa、4.5 MPa、5.0 MPa）条件下的横纹压缩蠕变行为。研究结果表明，在压应力小于屈服极限时，Burgers模型可以准确描述竹材横纹压缩的短期蠕变行为；在相同含水率和温度条件下，四个元件模型参数随着应力水平变化没有明显影响，但是受到温度和含水率的显著影响，呈现出线性反比关系。张晓敏等（2010）采用四元件Burgers模型，研究了不同环境温度（25℃、90℃、110℃、130℃）和含水率（0、5%～6%、20%、30%）对竹材径向压缩蠕变特性的影响，其蠕变压力基本在6～10 MPa。研究发现，该模型可以比较准确地描述竹材径向压缩短期蠕变行为，并且相关系数均能达到90%。然而，上述研究仅探讨了竹材本身在不同条件下的压缩流变特性，而未考虑树脂胶黏剂的影响。张晓敏（2011）等研究了添加胶黏剂对杨木单板径向压缩应力松弛特性的影响。结果表明，在有胶黏剂存在的情况下，三元件广义Maxwell模型仍能较好地描述杨木单板的应力松弛行为，并且相关系数达到90%以上。

综上所述，目前已有学者从竹片的物理构造、化学组分以及湿热-载荷耦合效应等多个维度对竹材横纹压缩流变特性的影响规律进行了研究或阐释，并构建了相关流变本构模型。然而，与竹片单元相比，浸胶竹束板坯可视为由竹束和树脂组成的更为复杂的体系，在考虑湿热-机械耦合作用下竹材本身物理结构和化学成分变化的基础上，还需要考虑树脂分子在热压过程中的相态转变和交联反应等对流变特性的影响。目前，尚不清楚浸胶竹束板坯在热压成形过程中的结构演变与力学响应机制，导致重组竹热压成形机制不够明晰，无法为重组竹绿色低碳、高质高效热压成形技术研发及装备创制提供有力支持。因此，迫切需要深入探索湿热-化学-载荷多维耦合作用下浸胶竹束板坯在热压成形过程中的流变特性。

参考文献

陈昌铭，赵夫明，周永潮，等，2024. 中国现代竹产业发展演进及其特征——基于浙江、四川两省比较分析[J]. 竹子学报，43（1）：57-63.

程亮，2009. 重组竹材制造技术的研究[D]. 呼和浩特：内蒙古农业大学.

崔璨，2017. 重组竹喷蒸热压工艺的研究[D]. 南京：南京林业大学.

戴恁，2012. 热压工艺对竹重组板材性能的影响[J]. 林业机械与木工设备，40（5）：32-36.

丁沪闽，2012. 重组竹热压板坯内部温度变化的研究[J]. 福建林业科技，39（1）：67-70，76.

冯鹏飞，李玉敏，2023，2021年中国竹资源报告[J]. 世界竹藤通讯，21（2）：100-103.

霍丽丽，赵立欣，田宜水，等，2013. 生物质颗粒燃料成型的黏弹性本构模型[J]. 农业工程学报，29（9）：200-206.

李延军，许斌，张齐生，等，2016. 我国竹材加工产业现状与对策分析[J]. 林业工程学报，1（1）：2-7.

连彩萍，刘嵘，张淑琴，等，2018. 竹材维管束解剖构造的研究进展[J]. 林产工业，45（9）：8-12.

卢芸，2022. 木材超分子科学：科学意义及展望[J]. 木材科学与技术，36（2）：1-10.

毛燕清，2014. 竹质重组材热压工艺与质量控制的研究[D]. 福州：福建农林大学.

齐越，吴江源，任丁华，等，2023. 重组竹制造与应用技术研究进展[J]. 林业科学，59（6）：159-168.

邵亚丽，王喜明，2021. 木材形状记忆效应与机理的研究进展[J]. 材料导报，35（7）：7190-7198，7204.

邵卓平，2003. 竹材在压缩大变形下的力学行为Ⅰ. 应力-应变关系[J]. 木材工业，17（2）：12-14，32.

邵卓平，2004. 竹材在压缩大变形下的力学行为Ⅱ.微观变形特征[J]. 木材工业，18（1）：27-29.

施静波，2012. 中密度纤维板热压传热传质模型[D]. 南京：南京林业大学.

史军义，周德群，马丽莎，等，2020. 中国竹类多样性及其重要价值[J]. 世界竹藤通讯，18（3）：55-65，72.

史军义，周德群，马丽莎，等，2022. 中国竹类多样性、地理区划及发展趋势[J]. 世界竹藤通讯，20（4）：5-10.

孙照斌，田芸，杨庆，2006. 竹材热压干燥过程中的水分迁移特性研究[J]. 中南林学院学报，26（4）：47-51.

田心池，马红霞，薛勃，等，2022. 含水率对不同密度竹基纤维复合材料热压传热的影响[J]. 木材科学与技术，36（5）：50-55，77.

田心池，于文吉，马红霞，等，2023. 重组竹制备过程中温度场变化规律与预测模型[J]. 林业工程学报，8（1）：38-45.

涂道伍，邵卓平，2008. 基于Burger体的竹材横纹热压流变模型[J]. 南京林业大学学报（自然科学版），32（2）：67-70.

涂道伍，徐斌，邵卓平，2007. 竹材横纹压缩的应力松弛[J]. 林产工业，34（5）：14-17.

汪孙国，华毓坤，1994. 软化工艺条件对竹材及其重组材性能的影响[J]. 南京林业大学学报，8（1）：57-62.

王志威，张晓伟，姚利宏，等，2022. 竹材宏观微观力学性能试验与数值模拟[J]. 林业工程学报，7（1）：31-37.

韦鹏练，2017. 毛竹细胞壁主要化学组分分布规律的研究[D]. 北京：中国林业科学研究院.

谢力生，2003. 干法纤维板热压过程中的传热研究[D]. 南京：南京林业大学.

熊福全，王航，韩雁明，等，2019. 木质素微纳米球的制备与应用研究现状[J]. 林业科学，55（8）：170-175.

闫翠珍，武国峰，王效华，等，2015. 稻秸高密度压缩过程中应力松弛的试验研究[J]. 农机化研究，37（11）：181-187.

杨瑾瑾，傅万四，于文吉，2008. 人造板热压过程中板坯内部温度、气压、含水率研究现状与分析[J]. 木材加工机械，（3）：33，34-37.

叶良明，姜志宏，叶建华，等，1991. 重组竹板材的研究[J]. 浙江林学院学报，8（2）：133-140.

于文吉，2019. 我国重组竹产业发展现状与机遇[J]. 世界竹藤通讯，17（3）：1-4.

于文吉，2023. 我国重组材料科学技术发展现状与趋势[J]. 木材科学与技术，37（1）：1-7.

余养伦，于文吉，2024. 我国木质重组材料研究现状与发展[J]. 材料工程，52（10）：15-23.

张晓敏，孙正军，王喜明，2010. 竹材径向压缩蠕变行为研究[J]. 林业机械与木工设备，38（6）：26-29.

张晓敏，孙正军，王喜明，等，2011. 杨木径向压缩的黏弹性行为[J]. 林业科学，47（9）：135-139.

周岩，岳孔，袁少飞，2024. 冷压成型工艺及取材部位对结构用重组竹力学性能的影响[J]. 安徽农业大学学报，51（1）：167-173.

朱凯，牛智有，2014. 粉体棉花秸秆的应力松弛特性与模型建立[J]. 华中农业大学学报，33（5）：130-134.

左迎峰，吴义强，肖俊华，等，2016. 重组竹制备工艺对力学性能的影响[J]. 西南林业大学学报，36（2）：132-136.

BOLTON A J，DINWOODIE J M，DAVIES D A，1988. The validity of the use of SEM/EDAX as a tool for the detection of UF resin penetration into wood cell walls in particleboard[J]. Wood Science and Technology，22（4）：345-356.

BOLTON A J，HUMPHREY P E，KAVVOURAS P K，1989. The hot pressing of dry-formed wood-based composites. part Ⅳ. predicted variation of mattress moisture content with Time[J]. Holzforschung，43（5）：345-349.

BOOKER R E，SELL J，1998. The nanostructure of the cell wall of softwoods and its functions in a living tree[J]. Holz als Roh- und Werkstoff，56（1）：1-8.

CHEN L，HUANG B，WANG X K，et al.，2022. Study on gluing characteristics of bamboo pith ring[J]. Industrial Crops and Products，178：114624.

CHEN M L，SEMPLE K，HU Y A，et al.，2024. Fundamentals of bamboo scrimber hot pressing：Mat compaction and heat transfer process[J]. Construction and Building Materials，412：134843.

CHEN Q，FANG C H，WANG G，et al.，2020. Hygroscopic swelling of moso bamboo cells[J]. Cellulose，27（2）：611-620.

DAI C P，YU C M，2004. Heat and mass transfer in wood composite panels during hot-pressing：Part Ⅰ. A physical-mathematical model[J]. Wood and Fiber Science，36（34）：585-597.

DAI C P，YU C M，ZHOU X Y，2005. Heat and mass transfer in wood composite panels during hot pressing. part Ⅱ. Modeling void formation and mat permeability[J]. Wood and Fiber Science：37（2）：242-257.

GARCÍA P J，2002. Three-dimensional heat and mass transfer during oriented strandboard hot-pressing[D]. Vancouver. University of British Columbia.

GE Y L，LU T，LI X G，et al.，2024. Changes in temperature and vapor-pressure behavior of bamboo scrimber in response to hot-pressing parameters[J]. Forests，15（4）：620.

GUPTA A，JORDAN P，PANG S，2013. Modelling the heat and mass transfer during hot pressing of medium density fibreboard[J]. Chemical Product and Process Modeling，8（1）：27-39.

HAO H，TAM L Ho，LU Y，et al.，2018. An atomistic study on the mechanical behavior of bamboo cell wall constituents[J]. Composites Part B：Engineering，151：222-231.

HATA T，SUBIYANTO B，KAWAI S，et al.，1990. Production of particleboard with steam-injection[J]. Wood Science and Technology，24（1）：65-78.

HUMPHREY P E，1989. The hot pressing of dry-formed wood-based composites. Part Ⅱ. A simulation model for heat and moisture transfer，and typical results[J]. Holzforschung，43（3）：199-206.

JIN K X，LING Z，JIN Z，et al.，2021. Local variations in carbohydrates and matrix lignin in mechanically graded bamboo culms[J]. Polymers，14（1）：143.

KAYIHAN F，JOHNSON J A，1983. Heat and moisture movement in wood composite materials during the pressing operation-a simplified model[J]. Numerical Methods in the Heat Transfer，12：511-531.

LU T，GE Y L，ZHOU C F，et al.，2023. Effects of physical parameters on the temperature and vapor-pressure behavior of bamboo scrimber during hot-pressing[J]. Wood Material Science & Engineering，18（5）：1641-1649.

NAVI P，HEGER F，2004. Combined densification and thermo-hydro-mechanical processing of wood[J]. MRS Bulletin，29（5）：332-336.

PELEG K，1983. A rheological model of nonlinear viscoplastic solids[J]. Journal of Rheology，

27（5）：411-431.

PINEDA H，HU Y A，SEMPLE K，et al.，2021. Computer simulation of the mat formation of bamboo scrimber composites[J]. Composites Part A，149：106542.

SHRESTHA B，BRECH Y L，GHISLAIN T，et al.，2017. A multitechnique characterization of lignin softening and pyrolysis[J]. ACS Sustainable Chemistry & Engineering，5（8）：6940-6949.

SIMMONS T J，MORTIMER J C，BERNARDINELLI O D，et al.，2016. Folding of xylan onto cellulose fibrils in plant cell walls revealed by solid-state NMR[J]. Nature Communications，7（1）：13902.

STOKES V K，2020. Polymer viscoelasticity[M]//Introduction to Plastics Engineering. John Wiley & Sons，Ltd：313-329.

TAN T，RAHBAR N，ALLAMEH S M，et al.，2011. Mechanical properties of functionally graded hierarchical bamboo structures[J]. Acta Biomaterialia，7（10）：3796-3803.

TERASHIMA N，KITANO K，KOJIMA M，et al.，2009. Nanostructural assembly of cellulose，hemicellulose，and lignin in the middle layer of secondary wall of ginkgo tracheid[J]. Journal of Wood Science，55（6）：409-416.

THOEMEN H，2000. Modeling the physical processes in natural fiber composites during batch and continuous pressing[D]. USA：Oregon State University.

THOEMEN H，HASELEIN C R，HUMPHREY P E，2006. Modeling the physical processes relevant during hot pressing of wood-based composites. Part Ⅱ. Rheology[J]. Holz als Roh-und Werkstoff，2（64）：125-133.

THOEMEN H，HUMPHREY P E，2006. Modeling the physical processes relevant during hot pressing of wood-based composites. Part Ⅰ. Heat and mass transfer[J]. Holz als Roh-und Werkstoff，64（1）：1-10.

VURAL D，GAINARU C，O'NEILL H，et al.，2018. Impact of hydration and temperature history on the structure and dynamics of lignin[J]. Green Chemistry，20（7）：1602-1611.

YU C M，DAI C P，WANG B J，2007. Heat and mass transfer in wood composite panels during hot pressing：Part 3. Predicted variations and interactions of the pressing variables[J]. Holzforschung，61（1）：74-82.

ZOMBORI B G，KAMKE F A，WATSON L T，2004. Sensitivity analysis of internal mat environment during hot-pressing[J]. Wood and Fiber Science，36（2）：195-209.

第 2 章　物性参数对重组竹热压过程温度与蒸气压力的影响

2.1　引言

重组竹热压成形过程是指在湿热-载荷耦合作用下，竹束-树脂体系发生变形塑化与交联固化的过程。水分在这个过程中起着至关重要的作用。一方面，在热压过程中，导管和薄壁细胞是受载弱项，容易被压缩至密实；然而，在湿热作用下，竹材中的木质素发生玻璃化转变的松弛时间缩短，从而提高了最难被压缩的竹纤维的塑性，有利于浸胶竹束板坯整体压缩密实（Yu et al.，2017；蒋佳荔等，2014；Dixon et al.，2016）。另一方面，在水分作用下，酚醛树脂发生扩散流动后再分布，部分树脂从竹束表面渗至胞腔内部甚至细胞壁，并在温度作用下发生自身缩聚反应或与纤维间产生交联固化而形成刚性交联网络（Yu et al.，2019；He et al.，2003；Riedl et al.，2004）。还需注意的是，在热压过程中水分可以形成水蒸气，并作为传热介质提高芯层升温速率。丁沪闵（2012）的研究发现，板坯初含水率对热压过程中的升温速率具有积极影响。这是因为在热压过程中，初含水率较高的板坯会产生更多的水分汽化量，从而加剧了对流传热效果并明显提高了传热效率；然而，这也可能会造成板坯内部蒸气压力过大，对板材物理力学性能造成负面影响（Rofii，et al.，2014；Yu et al.，2007）。然而，当板坯较薄时，由于热量可以更快地传递到芯层，即热量传至芯层的热阻较小，所以薄板坯初含水率对芯层升温速率的影响并不明显。有研究表明，板坯初含水率为12%左右时，所制备的重组竹的物理力学性能较好（李权等，2011）。

此外，板坯目标密度或厚度也会对热压过程中的传热传质效率和热压后的重组竹性能产生影响。通常情况下，较高的板坯铺装密度或厚度会降低流体在其内部的渗透性，从而导致热压过程中蒸汽在板坯内流动变得困难，进而减弱了热压前期对流传热对板坯芯层升温的促进作用（Dai et al.，2005）。此外，浸胶竹束板坯密度较高会使板坯内部孔隙率下降，导致局部位置出现单位体积内蒸气压力明显升高的现象（García et al.，2001，2003）。综上所述，热压成形过程中浸胶竹束板坯的初含水率、目标密度和目标厚度等物性参数均对热压成形过程有所影响。不同的物性参数会导致温度场与蒸气压力场的变化。若工艺参数选择不当，甚至可能导致热压结束后重组竹出现分层、鼓泡等热压缺陷（Rofii，et al.，2014；Bolton et al.，1989）。

本章以浸胶竹束板坯为研究对象，通过在板坯内部预埋热电偶和实验室自制的蒸气压力传感测量装置，在不同板坯初含水率（5%、10%、15%、20%）、重组竹目标密度（以下简称目标密度）（0.9 g/cm^3、1.0 g/cm^3、1.1 g/cm^3、1.2 g/cm^3）、重组竹目标厚度（以下简称目标厚度）（15 mm、30 mm、45 mm、60 mm）的条件下，测量了热压过程中板坯表层温度、芯层温度以及蒸气压力变化规律，旨在探究不同物性参数对浸胶竹束板坯热压过程中温度与蒸气压力变化的影响。

2.2　材料与方法

2.2.1　试验材料

试验用毛竹（*Phyllostachys edulis*）采自湖南益阳，竹龄4～5年。将新采伐的毛竹截断成长度为400 mm的竹筒，沿纵向剖分成竹条，并去除竹青竹黄，最后疏解成竹束。其单根尺寸约为400 mm×50 mm×8 mm（长度×宽度×厚度），干燥后的含水率约为8%～10%。随后，将其置于160℃的热处理窑中热处理3 h，得到热处理竹束。

水溶性酚醛树脂购置于北京太尔化工有限公司，其固含量约为50%，黏度为41 mPa·s，水溶倍数大于10倍，pH值为10.5，游离醛小于1%。在试验前，使用蒸馏水将酚醛树脂稀释至浓度25%，将得到的酚醛树脂溶液样品密封冷藏备用。试验时，将热处理竹束在上述酚醛树脂溶液中浸渍20 min，随后取出陈放沥胶。将沥胶后的浸胶竹束放入电热鼓风干燥箱中低温干燥至目标含水率（5%、10%、15%、20%），干燥结束后密封保存备用。竹束酚醛树脂浸胶量约为20%。

2.2.2 试验设备

试验中所用的主要仪器与设备如表2.1所示。

表 2.1 试验仪器与设备

设备名称	型号	生产厂家
电热鼓风干燥箱	101-3AB	天津泰斯特仪器有限公司
热电偶	K 型	上海达宏松岛机械有限公司
宽屏数据采集仪	R7-100	上海星空自动化仪表有限公司
剖面密度测量仪	DENSE-LAB X	德国 EWS 公司

2.2.3 试验方法

2.2.3.1 试验设计

重组竹主要制备流程如图2.1所示。本试验采用“热进-冷出”热压工艺制备重组竹，热压温度为150℃、热压压力为5 MPa。待热压机上下压板加热至150℃时，将纵向均匀铺装的浸胶竹束板坯（Phenolic Resin Impregnated Heat-treated Bamboo Bundle，PHBB）放入热压机，在约10 s内施加压力使得上下压板完全闭合，这一过程可视为t_0～t_1段。随着热压进行，浸胶竹束板坯逐渐升温，当芯层中心温度达到120℃时保温保压20 min。在保温保压结束后停止加热，并通入冷却水对重组竹进行保压冷却处理，直到重组竹芯层温度降至80℃。保温保压与保压冷却阶段的热压压力基本恒定，在t_1～t_2段可视为稳定状态。随后泄压出料，在t_2～t_3段完成此步骤。具体的热压工艺如图2.2所示。

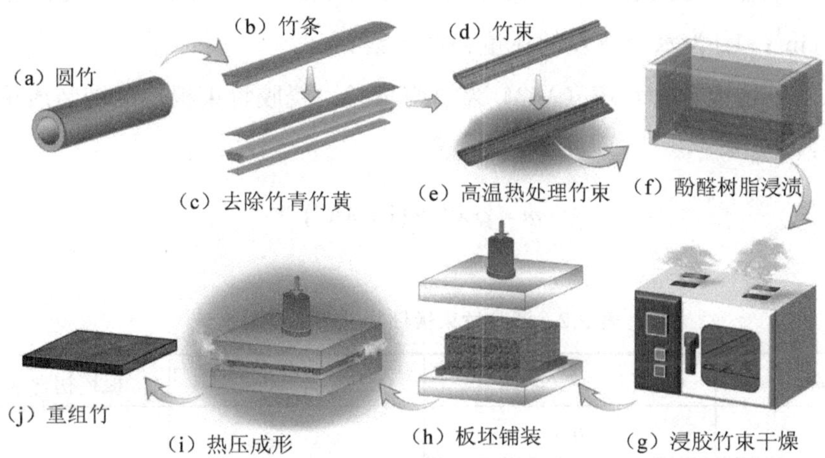

图 2.1　重组竹制备流程

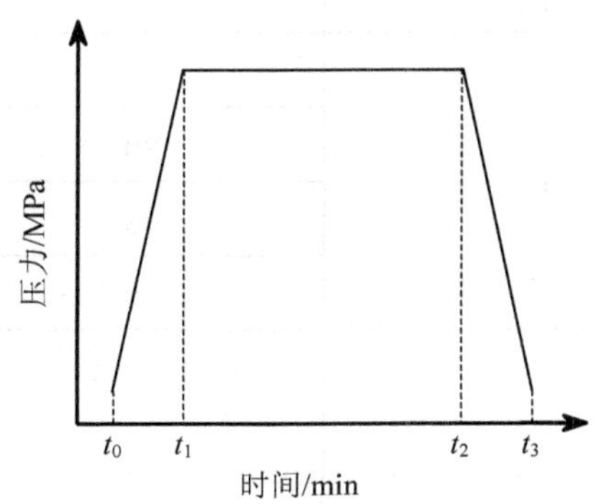

图 2.2　热压工艺

浸胶竹束板坯物性参数试验设计如表2.2所示，每个试验重复两次，测量数据取平均值。

当以目标密度、目标厚度为自变量时，浸胶竹束板坯的铺装质量计算公式如下：

$$m = \rho \times V \times 1.1 \tag{2.1}$$

式中，m为铺装竹束总质量，g；ρ为重组竹目标密度，g/cm^3；V为板坯热压后体积，cm^3；1.1为水分蒸发的质量补偿系数。

以浸胶竹束初含水率（MC）为自变量时，浸胶竹束板坯的铺装质量计算公式如下：

$$m = \rho \times V \times (1 + MC) \tag{2.2}$$

表 2.2 浸胶竹束板坯物性参数试验设计

<table>
<tr><th>编号</th><th>目标密度/（g/cm³）</th><th>目标厚度/mm</th><th>板坯初含水率/%</th></tr>
<tr><td>1</td><td>0.9</td><td rowspan="4">30</td><td rowspan="4">10</td></tr>
<tr><td>2</td><td>1.0</td></tr>
<tr><td>3</td><td>1.1</td></tr>
<tr><td>4</td><td>1.2</td></tr>
<tr><td>5</td><td rowspan="4">1.1</td><td>15</td><td rowspan="4">20</td></tr>
<tr><td>6</td><td>30</td></tr>
<tr><td>7</td><td>45</td></tr>
<tr><td>8</td><td>60</td></tr>
<tr><td>9</td><td rowspan="4">1.1</td><td rowspan="4">30</td><td>5</td></tr>
<tr><td>10</td><td>10</td></tr>
<tr><td>11</td><td>15</td></tr>
<tr><td>12</td><td>20</td></tr>
</table>

2.2.3.2　温度与压力传感器布置

将浸胶竹束均匀铺装在模具内，并在厚度方向上距底面1/2处（芯层，C_1）、厚度方向上距离底面1/5处（表层，S_1）的中心点、横向边部（边部中心，C_3，S_3）、纵向边部（端部中心，C_2，S_2）分别放置三支温度传感器，如图2.3和图2.4所示。本试验采用的温度传感器是K型热电偶温度传感器，其工作原理为两种不同成分的导体两端接合成回路，当接合点温度不同时，回路中就会产生被称为热电势的电动势。其中，工作端用来测量介质温度，冷端与信息采集仪相连，可实时采集板坯热压过程中内部各测量点的瞬时温度，并最终将监测到的数据传输到计算机上。布置热电偶探头时使用细绳将其固定在目标测量点上，尽量防止热电偶探头在热压过程中产生挪移。

本试验采用自制压力测量装置来测量板坯内部动态蒸气压力，该装置主要由特制蒸汽导出金属管和压力传感器两部分构成。特制蒸汽导出金属管是由外径为5 mm、壁厚为1 mm、内径为3 mm的不锈钢管制成，其后端通过内螺纹与压力传感器前端外螺纹相连接。在螺纹连接处应缠绕生胶带以防止蒸汽泄漏，确保对蒸气压力进行精确测量。特制蒸汽导出金属管的前端设置有蒸汽导入口，使得蒸汽能够进入金属管并传输至压力传感器内部。而压力传感器主要由溅射式敏感元件和信号转换器组成。溅射式敏感元件具备200℃的最高工作温度，并且具备温度补偿功能；其可测量值为0～5 MPa，频率响应大于10 kHz，并且拥有较高测试精度。此外，还可以通过将信息记录仪连接到压力传感器后端实时记录测量值，在板坯热加工过程中动态监测芯层中心点的蒸气压力。

压力测量装置的蒸汽导入口应放置于板坯芯层的中心点，如图2.4所示。为确保金属管蒸汽导入口处于板坯芯层中心点位置，可使用记号笔在金属管上标记插入长度，并标出垫板模具的中点。将压力传感装置与无纸记录仪相连，以实现数据自动采集。程序读取记录间隔时间为1 s，在热压结束后从上压板下压至压力初次到达5 MPa时开始采集，并在板坯芯层中心温度降至80℃时停止数据采集。

图 2.3 板坯中热电偶布置图

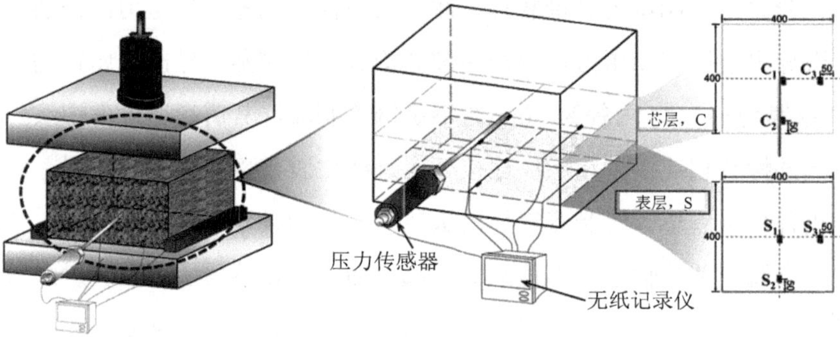

图 2.4 热电偶与压力传感器布置示意图

2.2.3.3 重组竹剖面密度分布测试

本试验采用德国EWS公司生产的DENSE-LAB X剖面测量仪对重组竹进行剖面密度（Vertical Density Profile，VDP）分布测量，测量精度为量程的±0.5%。每块重组竹板取3个50 mm×50 mm的试件。测量时，通过步进电机以0.5 mm/s的速度将试件送入测量仪，在厚度方向上利用X射线进行扫描并获得剖面密度分布情况。测量结果取平均值。

2.3　结果与讨论

2.3.1　重组竹热压过程表层、芯层温度与芯层蒸气压力变化规律

以1.1 g/cm^3、30 mm、10%初含水率的浸胶竹束板坯为例，对其热压过程中内部温度与蒸气压力变化规律进行分析。图2.5展示了该浸胶竹束板坯热压成形过程中内部温度与蒸气压力的变化情况。根据升温速率和温度节点，将曲线划分为多个阶段，并进行详细分析。具体的分段依据可参考表2.3和表2.4。

表 2.3　表层升温曲线分段指标

分段	表层	依据
$TS_{Ⅰ}$	快速升温段	表层温度开始上升，直至 100℃
$TS_{Ⅱ}$	慢速升温段	表层持续升温，直至冷却降温
$TS_{Ⅲ}$	快速降温段	冷却降温至热压结束

表 2.4　芯层升温曲线分段指标

分段	芯层	依据
TC_0	未升温段	芯层温度没有变化
$TC_{Ⅰ}$	快速升温段	芯层温度开始上升，直至 100℃
$TC_{Ⅱ}$	慢速升温段	芯层持续升温，直至冷却降温
$TC_{Ⅲ}$	快速降温段	冷却降温至热压结束

图2.5（a）展示了热压成形过程中浸胶竹束板坯表层各测温点的温度变化曲线。从图中可以观察到，在压机闭合后的11 min内，板坯表层经历了快速升温阶段（$TS_{Ⅰ}$）。在这个阶段，板坯表层的温度迅速从室温升至100℃，升温速率高达7.29℃/min。该阶段升温速率较快的原因是因为热压机闭合后，板坯表

层首先接触高温热压板，热量通过热传导方式迅速传递至板坯表层。随后，温度变化曲线进入慢速升温段（TSⅡ）。在该阶段，板坯表层的温度保持在水分汽化点以上，持续时间约42 min，在最高点达到146℃，升温速率约为1.81℃/min。与TSⅠ阶段相比，TSⅡ阶段的升温速率较慢。这是因为在该阶段大部分热量被用于汽化竹束中水分而非提高表层的温度，只有少量热量用于提高表层温度。加热过程结束后，随着冷却水通入热压板，热压板温度与板坯表层温度迅速下降，温度变化曲线进入快速降温段（TSⅢ），持续时间约15 min，温度从146℃迅速降至60℃，降温速率约为5.73℃/min。

从图中还可以看出，热压过程中浸胶竹束板坯表层中心（S_1）、端部中心（S_2）、边部中心（S_3）部位的温度存在一定差异，具体呈现为$S_3>S_1>S_2$。这是因为靠近金属厚度规的S_3受益于金属的高热导率，在传递热量至板坯边部时迅速升温；同时，金属厚度规还能减少板坯边部蒸汽外溢所带来的热损失，从而使得S_3温度相对较高。由于位于板坯端部位置上的S_2容易与空气交换蒸汽和热量，故其温度相对较低。同样规律也适用于板坯芯层各测量点。

图2.5（b）展示了热压成形过程中板坯芯层各测温点的温度变化规律。从图中可以观察到，芯层温度变化曲线趋势与表层的基本一致，但也存在一定差异。首先，在压机闭合后的4 min以内，板坯表层迅速升温，而芯层温度基本保持在室温。这是因为含水率较低的竹束是热的不良导体，导致热量从表层传递到芯层的速度较慢，需要更长时间。其次，相比于表层，芯层的升温速率与温度峰值略低。这是由于热量传递至芯层需要一定时间，并且在传递过程中会有一定程度的热量损失。此外，从图中还可以看出，在通冷却水后，板坯表层温度迅速下降，而芯层数分钟内仍呈上升趋势。造成这种降温滞后性的原因是：在表层降温之后，板坯芯层热量扩散至表层需要一定的时间，并且芯层还可能存在少量未完全固化的树脂继续发生缩聚反应释放热量的现象。

图2.5（c）展示了热压成形过程中板坯芯层蒸气压力的变化曲线。从图中可以观察到，板坯芯层（C_1）蒸气压力变化曲线可分为四个阶段，即常压段

（蒸气压力为0，VP_0）、快速升压段（$VP_Ⅰ$）、慢速升压段（$VP_Ⅱ$），以及快速降压段（$VP_Ⅲ$）。在热压开始后的22 min内，由于板坯表层水分受热汽化产生的高温蒸汽较少，并且芯层温度低于100℃，加之蒸汽从表层向芯层传递过程中还会不断冷凝，因而难以在芯层形成聚集。因此，在VP_0阶段期间，蒸汽保持常压状态且其压力（表压力，下同）为零。当芯层温度达到100℃以上时，蒸气压力曲线进入$VP_Ⅰ$阶段，在12 min内从0 kPa上升至53.4 kPa。此时，浸胶竹束板坯内部表层与芯层温度均已达到汽化温度，芯层水分开始汽化并产生大量蒸汽，并且表层产生的高温蒸汽向芯层扩散过程中不再冷凝。因此大量的蒸汽在芯层聚集导致蒸气压力快速增加，升压速率可达4.2 kPa/min。$VP_Ⅱ$阶段持续时间约20 min，蒸气压力曲线呈波动上升趋势，并且上升速率减缓至1.0 kPa/min。此阶段升压速率缓慢的原因可能是由于此时芯层温度已达120℃并且水分已基本汽化完毕，蒸气压力波动可能与板坯密实过程中孔隙分布不均有关（Minhas et al.，2021）。此外值得注意的是，酚醛树脂缩聚反应也会产生少量水分，这也可能对所检测到的压力数值有一定影响。当板坯进行冷却处理时，板坯表面温度迅速降低，蒸气压力曲线进入$VP_Ⅲ$阶段。在该阶段，蒸气压力在12 min内迅速从71.5 kPa降至0 kPa，与此同时，芯层温度也由138℃降至85℃。此时泄压出料的板材内部已经完全没有高温蒸汽存在，因此不会形成鼓泡、分层等缺陷（沈文荣等，2021）。

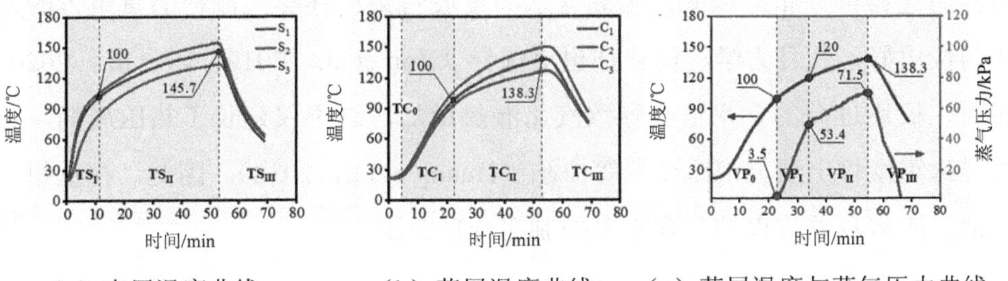

（a）表层温度曲线　　（b）芯层温度曲线　　（c）芯层温度与蒸气压力曲线

图 2.5　浸胶竹束板坯热压过程中表层、芯层温度与蒸气压力变化曲线

2.3.2 初含水率对重组竹热压过程表层、芯层温度的影响

图2.6展示了浸胶竹束初含水率对板坯表层和芯层温度随时间变化的影响规律。从图中可以看出，增加浸胶竹束初含水率能够促进板坯表层和芯层的升温速率。当初含水率为5%时，浸胶竹束板坯热压过程升温速率最慢，热压时间最长（92 min），且芯层温度峰值仅达到126℃。这是因为当初含水率过低时，竹束接近绝干状态，热传导效率较低，并且难以产生大量蒸汽来传递热量至芯层，导致芯层升温困难（Dai et al.，2007）。从图2.7中可以看出，5%含水率浸胶板坯制备的重组竹，其剖面密度分布极不均匀。随着初含水率增加至10%～20%，浸胶竹束板坯热压过程中的升温速率略有提高，并且重组竹的剖面密度分布也更加均匀。这说明当板坯含水率超过10%后，虽然对升温速率和温度峰值的促进效果有限，但能够加快竹束热塑化变形速度，并改善重组竹剖面密度分布的均匀性。Zhan等（2015）研究发现，在水热条件下，半纤维素与木质素发生玻璃化转变，并且其松弛时间缩短。同时，在相同温度下，木质素的黏度随含水率的增加而提高。此外，Jin等（2021）指出，在高温条件下，竹材细胞壁中的氢键结构容易被水分破坏，从而导致分子链段的移动性能增加。因此，在湿热耦合条件下，含水率较高的浸胶竹束板坯更容易塑化变形（Kadivar et al.，2019）。另外，热压过程中适宜的含水率或水分含量也有利于促进板材中的树脂迁移再分布。因此，较高含水率浸胶竹束板坯热压制得的重组竹的密度均匀性更好，并且力学性能往往也更优异（Zou et al.，2019；Li et al.，2020）。然而，板坯过高的含水量会导致汽化潜热增加，这不仅延长了热压周期，还可能导致重组竹出现鼓泡或变形等缺陷（Huang et al.，2018）。因此，在重组竹热压前，应将浸胶竹束的初含水率控制在合理范围。

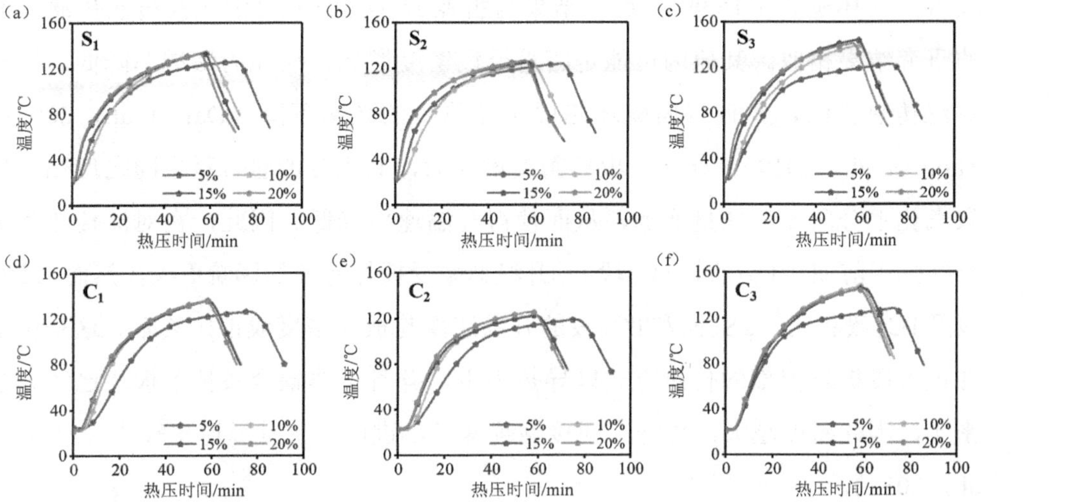

图 2.6　初含水率对浸胶竹束板坯表层、芯层热压过程温度变化的影响

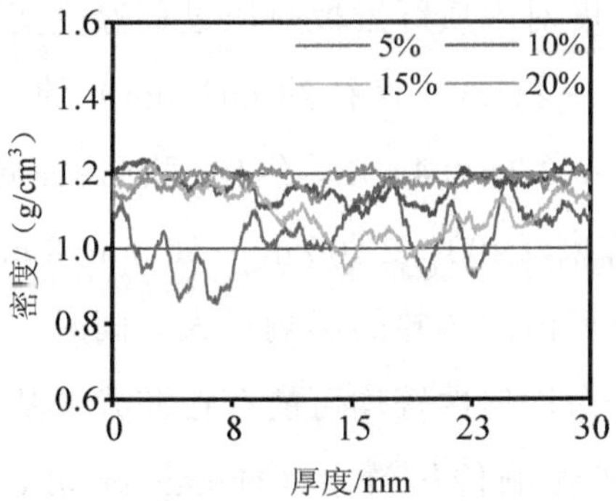

图 2.7　板坯初含水率对重组竹剖面密度分布的影响

2.3.3　目标密度对重组竹热压过程表层、芯层温度的影响

图2.8是目标密度对其表层和芯层温度随时间变化的影响规律。从图中可以看出，随着目标密度提高，热压过程中板坯内部升温速率减缓，热压时间延长。例如，目标密度为1.2 g/cm^{3}的浸胶竹束板坯，其热压时间较0.9 g/cm^{3}的浸

胶竹束板坯延长了16.9%。这一结果与雷亚芳（2005）对刨花板传热传质方面的研究结果相似。其原因可能是随着板坯密度增加，板坯的渗透率降低，导致对流传热受阻，并使得向板坯芯层传递热量的效率下降（Dai et al.，2005；Zhou et al.，2019）。此外，板坯密度增加后，其水分的总含量也随之增加，导致汽化水分所需的热量增加，从而使得升温速率降低。因此，在对流传热为主导的热压前期（$TS_{Ⅰ}$段、$TC_{Ⅰ}$段），升温速率受板坯密度的影响更大。然而与$TS_{Ⅰ}$段及$TC_{Ⅰ}$段相比，$TS_{Ⅱ}$段和$TC_{Ⅱ}$段的升温速率与板坯密度成正比关系。这是由于在该阶段板坯内部的传热方式以导热为主，并且湿热耦合条件下板坯已经充分密实，因此密度越大，竹纤维间接触越紧密，进而导致升温速率较快（Zhan et al.，2015）。

然而，各测量点温度变化规律并非完全与上述分析一致，其原因可能与原料单元的形态差异有关（Nguyen et al.，2022）。Rofii等（2014）的研究发现，与木质刨花板相比，密度对木质纤维板热压过程温度变化的影响更小。这可能是因为木质纤维（长2～4 mm，直径约0.03 mm）的尺寸明显小于木质刨花（3～10 mm×0.5～1.5 mm×0.2～0.4 mm，纵向×弦向×径向，L×T×R）。而相比木质纤维或木质刨花，竹束（400～2 500 mm×50 mm×8 mm，L×T×R）的尺寸明显增加，所以密度对板坯内部传热的影响更大。同时，竹束的疏解程度与均匀性、树脂在竹束表面分布均匀性等均可能存在差异，从而影响板坯内部孔隙分布与渗透性，并进一步影响传热效率（Huang et al.，2021；García et al.，2001，2003）。如图2.9所示，重组竹的密度为1.1 g/cm^{3}和1.2 g/cm^{3}时，其整体密度分布表现出较好的均匀性；而当密度为0.9 g/cm^{3}和1.0 g/cm^{3}时，其密度分布均匀性则呈现较差情况。如图2.9所示，密度为1.0 g/cm^{3}的重组竹在厚度23～28 mm处呈现较高的密度。这可能是由于该区域竹束疏解程度较好或者热压前板坯铺装不均，导致热压结束后该区域出现了较大的密度分布。

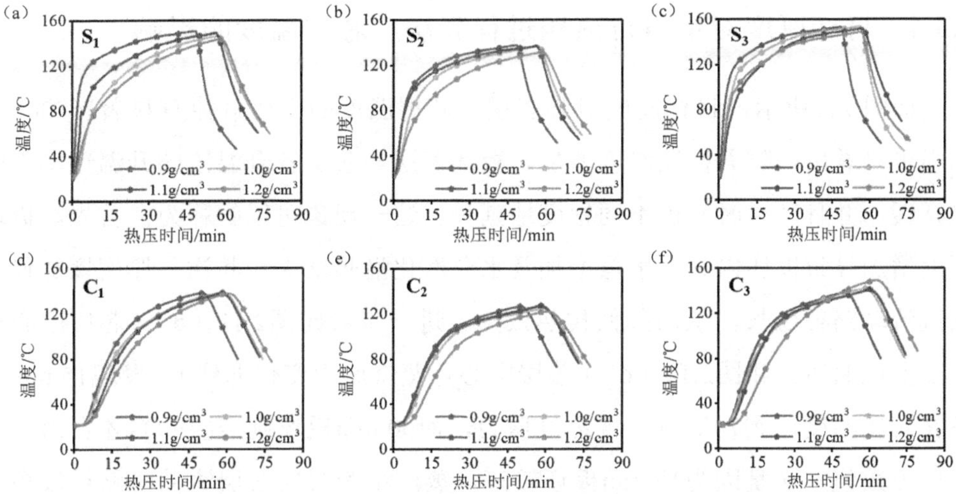

图 2.8　不同目标密度重组竹热压过程表层、芯层温度变化

如图2.10所示，采用C_1点的温度作为指标，将不同目标密度板坯的C_1点温度达到120℃所需时间与其密度之间进行了拟合。拟合方程为y=37.7x−5.36（R^2=0.929），表明二者呈现正线性相关。

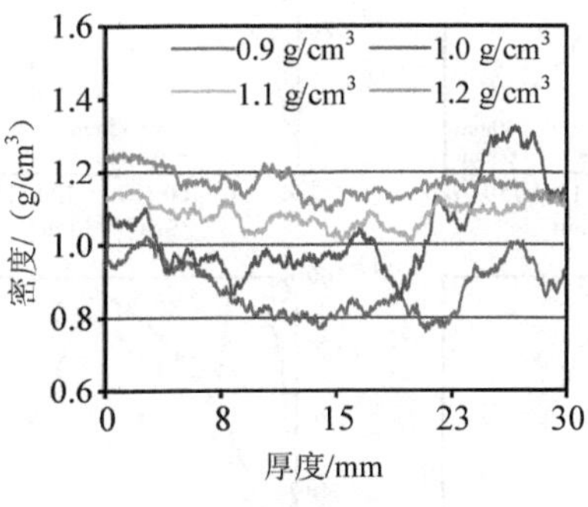

图 2.9　目标密度对重组竹剖面密度分布的影响

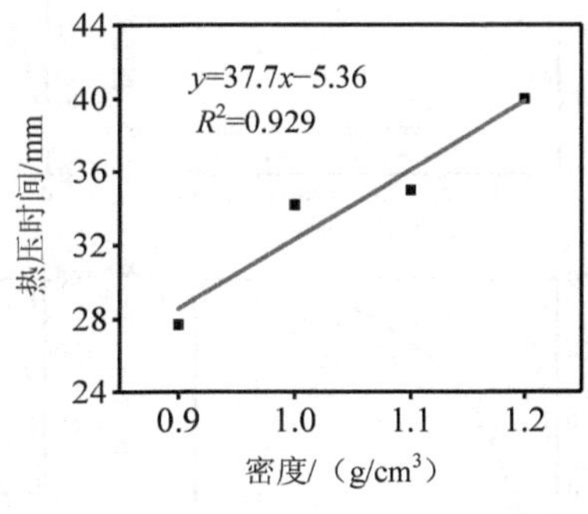

图 2.10　C_1点到达 120℃的时间与目标密度的线性拟合曲线

2.3.4 目标厚度对重组竹热压过程表层、芯层温度的影响

如图2.11所示，目标厚度对其表层、芯层温度的变化规律有显著影响。从图中可以看出，随着板坯厚度增加，板坯表层与芯层各升温段的升温速率均明显减缓，并且升温时间也不同程度地延长。这一现象可以解释为：首先，板坯厚度增加导致板坯内总含水量增加及水分汽化潜热增大；其次，厚度增加使得蒸汽流动路径延长，从而降低传热效率。进一步对比图2.11（d）（芯层中心点温度变化曲线）和图2.14（c）（芯层中心点蒸气压力变化曲线），发现15 mm板坯在芯层温度达到70℃时出现蒸气压力，而60 mm板坯则需要90℃才会出现蒸气压力数值。这是因为15 mm板坯较薄，蒸汽由表层向芯层流动时路径较短，到达芯层时，芯层温度在热传导为主的传热作用下仅有70℃；而60 mm板坯厚度较大，蒸汽流动路径延长，所以蒸汽在对流作用下扩散至芯层时，芯层温度在热传导为主的传热作用下升至90℃。也就是说，随着板坯厚度的增加，通过热对流从表层向内部传递的热量所占比例减小。这个发现与Hu等（2021）

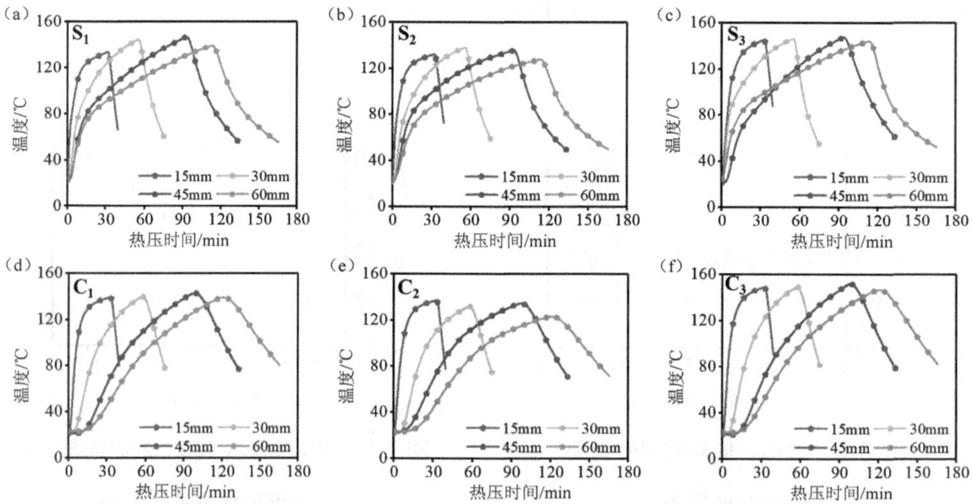

图 2.11 不同目标厚度重组竹热压过程表层、芯层温度变化

的研究结果类似。因此，厚板坯热压成形时，由于传热效率降低导致板坯芯层温度较低，进而致使芯层竹束的塑性变形能力变差，造成芯层的密实化程度低。因此，宏观表现为板坯表层与芯层的密度差异变大，最终造成剖面密度分布均匀性较差（图2.12）。

如图2.13所示，采用C_1点的温度作为指标，将不同目标厚度板坯的C_1点温度达到120℃所需时间与其密度之间进行了拟合。拟合方程为$y=1.777x-15.65$（$R^2=0.996$），拟合程度较高，说明二者之间呈显著正线性相关。

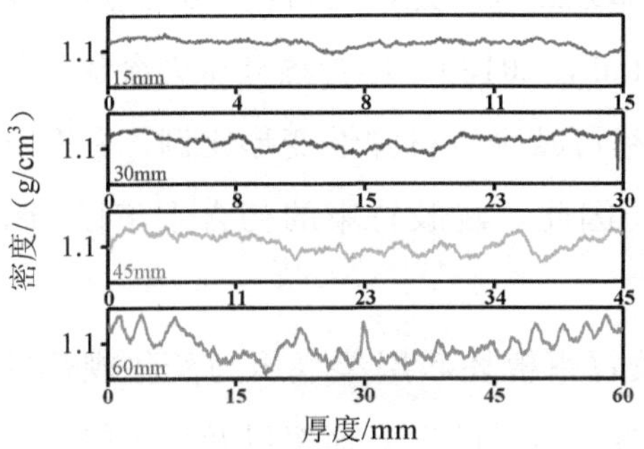

图 2.12　目标厚度对重组竹剖面密度分布的影响

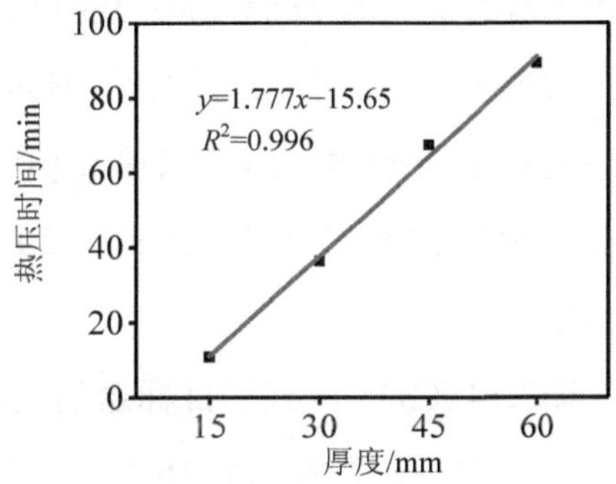

图 2.13　C_1 点到达 120℃的时间与目标厚度的线性拟合曲线

2.3.5　物性参数对重组竹热压过程芯层蒸气压力的影响

图2.14（a）展示了初含水率对浸胶竹束板坯芯层蒸气压力变化规律的影响。随着板坯初含水率的提高，蒸气压力呈上升趋势，其中VP_0段的持续时间缩短，5%初含水率浸胶竹束板坯VP_0段的持续时间（28 min）是20%初含水率板坯的4倍。这是由于在高含水率条件下，板坯内部传热有热传导与热对流两种传热方式，传热效率较高；而低含水率时，板坯内部基本以热传导为主，传热效率较低。因此，在低含水率情况下，板坯芯层达到汽化温度所需时间相对较长（Rofii et al.，2014）。VP_1段的蒸气压力上升（升压）速率随初含水率的

增加而提高，5%、10%、15%和20%初含水率的板坯，其VP_{I}段的升压速率分别为1.8 kPa/min、3.2 kPa/min、3.7 kPa/min和4.3 kPa/min。同样地，VP_{II}段的升压速率也随着初含水率的增加而提高。然而，在5%初含水率条件下，芯层蒸气压力曲线在VP_{II}段反而呈现缓慢下降趋势。这可能是由于低含水率板坯的热塑性较差，纤维较难软化与密实，从而致使板坯内部存在较多孔隙，进而导致部分蒸汽在热压过程中沿水平方向流动逸出（García et al.，2003；Zhou et al.，2009）。总体而言，不同初含水率板坯芯层蒸气压力的下降速率相近，但20%初含水率板坯在芯层降温至80℃后仍残留部分蒸气压力，这可能导致热压结束后重组竹形成鼓泡、分层等缺陷（Huang et al.，2018）。尽管蒸气压力会随着初含水率的增加而增加，但适当提高初含水率可减少竹材弹性变形比例，并有利于减少板材回弹变形（Jin et al.，2021）。因此，浸胶竹束的初含水率以10%～15%为宜。

图2.14（b）展示了目标密度对浸胶竹束板坯芯层蒸气压力变化规律的影响。从图中可以发现，板坯密度与芯层蒸气压力的上升速率以及压力峰值之间的相关性较差。当密度在0.9～1.0 g/cm^{3}时，蒸气压力上升速率与峰值均随之增加；当密度在1.0～1.2 g/cm^{3}时，其表现出下降趋势，并且当密度为1.2 g/cm^{3}时，在快速升温段就已经出现了蒸气压力的峰值。然而，根据以往对刨花板与纤维板的研究发现，板坯密度与蒸气压力之间存在着正线性相关规律（Dai et al.，2005；García et al.，2003）。例如，雷亚芳（2005）的研究发现，当密度在0.5～0.85 g/cm^{3}时，刨花板芯层蒸气压力与目标密度成正比关系。Rofii等（2016）对0.54～0.82 g/cm^{3}密度的木材人造板的研究也得到了类似结论。然而，在本试验条件下，高密度板坯导致其渗透性变差，热压过程中蒸汽难以向芯层中心聚集可能是导致密度对蒸气压力影响规律较差的原因。此外，板坯密度分布不均也可能会加重板坯内部局部蒸汽积聚现象，进而造成蒸气压力曲线的不规则波动（Huang et al.，2021；Yu et al.，2014）。如图2.9所示，随着目标密度的提升，重组竹剖面密度分布整体变得更加均匀。然而，这种密度分布变

化规律性并不是绝对的。Anderson等（2015）的研究发现，在热压过程中，树脂预浸料表现出Fick扩散行为，导致板坯内部形成不均匀的孔隙分布；Xin等（2011）认为水平方向上的蒸汽渗透率高于厚度方向，并且对蒸汽扩散方向产生影响。这些差异均会导致板坯内部的蒸汽在局部积聚或不均匀分布，从而降低了芯层蒸气压力变化与密度分布的相关性。

图2.14（c）是目标厚度对浸胶竹束板坯芯层蒸气压力变化规律的影响。从图中可以观察到，随着目标厚度的增加，VP_0段的持续时间缩短。这是因为随着板坯厚度的增加，表层中的蒸汽沿厚度方向的迁移路径延长，在到达芯层之前可能会在水平方向上耗散或逸出一部分蒸汽，导致其难以在芯层中心聚集（Hu et al.，2021）。由于芯层升温速率随着厚度增加而减缓，并且芯层水分汽化困难，所以VP_{I}段的升压速率变慢且持续时间延长。当升温曲线进入VP_{II}段时，较大厚度的板坯其芯层升压速率进一步减慢。这可能是由于浸胶竹束板坯厚度的增加导致其密实化变得更加困难，从而使孔隙结构相对松散，在热压过程中更容易使板坯内部的蒸汽逸出（Nkeuwa et al.，2022）。

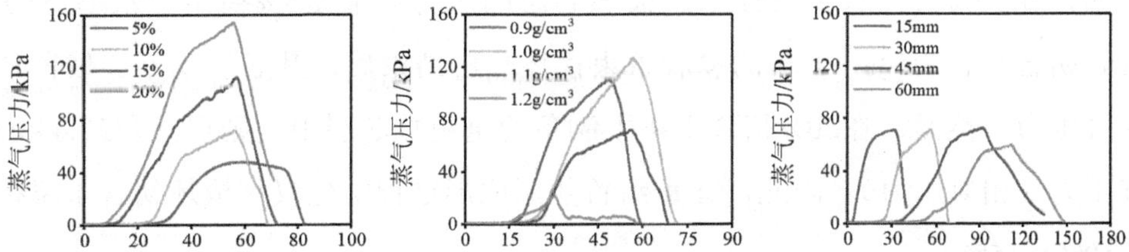

（a）初含水率　（b）目标密度　（c）目标厚度

图 2.14　物性参数对浸胶竹束板坯热压过程蒸气压力的影响

2.4　小结

本章研究了板坯初含水率（5%、10%、15%、20%）、目标密度（0.9 g/cm³、

1.0 g/cm^3、1.1 g/cm^3、1.2 g/cm^3）和目标厚度（15 mm、30 mm、45 mm、60 mm）对浸胶竹束板坯热压过程中表层以及芯层温度与芯层蒸气压力变化规律的影响，得出以下结论：

（1）在热压过程中，浸胶竹束板坯的表层温度变化曲线可分为快速升温段（$TS_{Ⅰ}$）、慢速升温段（$TS_{Ⅱ}$）和快速降温段（$TS_{Ⅲ}$），而芯层温度变化曲线可分为未升温段（TC_0）、快速升温段（$TC_{Ⅰ}$）、慢速升温段（$TC_{Ⅱ}$）和快速降温段（$TC_{Ⅲ}$）。同时，芯层蒸气压力变化曲线可以划分为常压段（VP_0）、快速升压段（$VP_{Ⅰ}$）、慢速升压段（$VP_{Ⅱ}$）和快速降压段（$VP_{Ⅲ}$）。在整个热压过程中，浸胶竹束板坯的表层与芯层存在着水平方向的温度差异，其温度分布规律均为板坯中心点＞板坯边部中心点＞板坯端部中心点。

（2）随着浸胶竹束板坯初含水率增加，其表层和芯层的升温速率与温度峰值均随之提高。然而，当初含水率超过10%时，其对升温速率和温度峰值的影响不显著，10%与20%板坯芯层的升温速率与温度峰值分别仅相差2%与0.9℃。此外，随着初含水率的增加，板坯芯层蒸气压力上升速率以及压力峰值也会增加。例如，在20%初含水率条件下，板坯芯层的压力峰值是5%初始含水率下的3.3倍。初含水率为5%～15%的浸胶竹束板坯热压结束后，其芯层均不会残留任何蒸气压力。然而，在20%初含水率下制备的重组竹芯层中，则仍残留33.4 kPa蒸气压力（相对压力）。因此，在重组竹热压成形过程中建议将板坯初含水率控制在10%～15%。

（3）目标密度提高时，浸胶竹束板坯表层和芯层的升温速率减缓，热压时间延长。目标密度与芯层温度达到120℃所需时间呈正线性相关（R^2=0.929），而其对芯层蒸气压力的上升速率无显著影响。

（4）目标厚度增加时，浸胶竹束板坯表层和芯层的升温速率会减缓，热压时间会延长，但对温度峰值的影响较小。目标厚度与芯层温度达到120℃的时间均呈线性正相关（R^2＞0.99）。随着目标厚度增加，蒸气压力上升速率明显降低，15 mm板坯的升压速率为2.5 kPa/min，而60 mm板坯的升压速率仅为

1.1 kPa/min；目标厚度对蒸气压力峰值无显著影响。

参考文献

丁沪闽，2012. 重组竹热压板坯内部温度变化的研究[J]. 福建林业科技，39（1）：67-70，76.

蒋佳荔，吕建雄，2014. 木材动态黏弹性的湿热耦合效应[J]. 林业科学，50（12）：101-108.

雷亚芳，2005. 刨花板热压过程中传热特性的研究[D]. 北京：北京林业大学.

李权，杨明杰，陈林碧，等，2011. 工艺参数对竹重组材性能的影响[J]. 福建林学院学报，31（2）：189-192.

沈文荣，陈德旺，顾荣，2021. 刨花板分层鼓泡缺陷问题分析及处理[J]. 中国人造板，28（9）：21-25.

ANDERSON J P，ALTAN M C，2015. Formation of voids in composite laminates：Coupled effect of moisture content and processing pressure[J]. Polymer Composites，36（2）：376-384.

BOLTON A J，HUMPHREY P E，KAVVOURAS P K K，1989. The hot pressing of dry-formed wood-based composites. Part Ⅳ. predicted variation of mattress moisture content with Time[J]. Holzforschung，43（5）：345-349.

DAI C P，YU C M，XU C Y，et al.，2007. Heat and mass transfer in wood composite panels during hot pressing：Part 4. Experimental investigation and model validation[J]. Holzforschung，61（1）：83-88.

DAI C P，YU C M，ZHOU X Y，2005. Heat and mass transfer in wood composite panels during hot pressing. Part Ⅱ. Modeling void formation and mat permeability[J]. Wood and Fiber Science，37：242-257.

DIXON P G，SEMPLE K E，KUTNAR A，et al.，2016. Comparison of the flexural behavior of natural and thermo-hydro-mechanically densified Moso bamboo[J]. European Journal of Wood and Wood Products，74（5）：633-642.

GARCÍA P J，AVRAMIDIS S，LAM F，2001. Internal temperature and pressure responses to flake alignment during hot-pressing[J]. Holz als Roh-und Werkstoff，59（4）：272-275.

GARCÍA P J，AVRAMIDIS S，LAM F，2003. Horizontal gas pressure and temperature distribution responses to OSB flake alignment during hot-pressing[J]. Holz als Roh-und Werkstoff，61（6）：425-431.

HE G B，RIEDL B，AÏT－KADI A，2003. Curing process of powdered phenol-formaldehyde resol resins and the role of water in the curing systems[J]. Journal of Applied Polymer Science，89（5）：1371-1378.

HU Y A，HE M，SEMPLE K，et al.，2021. Characterizing mat formation of bamboo fiber composites：horizontal density distribution[J]. Materials，14（5）：1198.

HUANG P X，CHANG W S，ANSELL M P，et al.，2018. Thermal and hygroscopic expansion characteristics of bamboo[J]. Proceedings of the Institution of Civil Engineers - Structures and Buildings，171（6）：463-471.

HUANG Y X，LIN Q Q，YANG C，et al.，2021. Multi-scale characterization of bamboo bonding interfaces with phenol-formaldehyde resin of different molecular weight to study the bonding mechanism[J]. Journal of the Royal Society Interface，17（162）：20190755.

JIN F，SONG G Q ，SHAO Z P，2021. Rheological parameters and characteristics of bamboo in compression perpendicular to grain under hot-pressing process[J]. Mechanics of Time-Dependent Materials，25（3）：313-325.

KADIVAR M，GAUSS C，MÁRMOL G，et al.，2019. The influence of the initial moisture content on densification process of D. asper bamboo：Physical-chemical and bending characterization[J]. Construction and Building Materials，229：116896.

LI X Z，MOU Q Y，REN H Q，et al.，2020. Effects of moisture content and load orientation on dowel-bearing behavior of bamboo scrimber[J]. Construction and Building Materials，262：120864.

MINHAS A H，ULLAH N，RIAZ A A，et al.，2021. Experimental investigation of vertical density profile of medium density fiberboard in hot press[J]. Applied Sciences，11（22）：10769.

NGUYEN D V，NGUYEN T T H，KUBOTA S，et al.，2022. Effects of size and type of raw material on temperature and vapour pressure behaviour of wood-based panels during hot-pressing[J]. Wood Material Science & Engineering，17（6）：702-711.

NKEUWA W K，ZHANG J L，SEMPLE K E，et al.，2022. Bamboo-based composites：A review on fundamentals and processes of bamboo bonding[J]. Composites Part B：Engineering，235：109776.

RIEDL B，HE G，2004. Curing kinetics of phenol formaldehyde resin and wood-resin interactions in the presence of wood substrates[J]. Wood Science and Technology，38（1）：69-81.

ROFII M N，KUBOTA S，KOBORI H，et al.，2016. Furnish type and mat density effects on temperature and vapor pressure of wood-based panels during hot pressing[J]. Journal of Wood

Science，62（2）：168-173.

ROFII M N，YAMAMOTO N，UEDA S，et al.，2014. The temperature behaviour inside the mat of wood-based panel during hot pressing under various manufacturing conditions[J]. Journal of Wood Science，60（6）：414-420.

ROFII M N，YAMAMOTO N，KOJIMA Y，et al.，2014. Effect of furnish on temperature and vapor pressure behavior in the center of mat panels during hot pressing[J]. Journal of Mathematical and Fundamental Sciences，46（2）：175-182.

XIN C B，LI M，GU Y Z，et al.，2011. Measurement and analysis on in-plane and through-thickness air permeation of fiber/resin prepreg[J]. Journal of Reinforced Plastics and Composites，30（17）：1467-1479.

YU C M，DAI C P，WANG B J，2007. Heat and mass transfer in wood composite panels during hot pressing：Part 3. Predicted variations and interactions of the pressing variables[J]. Holzforschung，61（1）：74-82.

YU Y Y，HUANG X A，YU W J，2014. High performance of bamboo - based fiber composites from long bamboo fiber bundles and phenolic resins[J]. Journal of Applied Polymer Science，131：40371.

YU Y Y，HUANG Y X，ZHANG Y H，et al.，2019. The reinforcing mechanism of mechanical properties of bamboo fiber bundle-reinforced composites[J]. Polymer Composites，40（4）：1463-1472.

YU Y Y，LIU R，HUANG Y X，et al.，2017. Preparation，physical，mechanical，and interfacial morphological properties of engineered bamboo scrimber[J]. Construction and Building Materials，157：1032-1039.

ZHAN T Y，JIANG J L，LU J X，2015. The viscoelastic properties of Chinese Fir during water-loss process under hydrothermal conditions[J]. Drying Technology，33（14）：1739-1745.

ZHOU C，SMITH G D，DAI C P，2009. Characterizing hydro-thermal compression behavior of aspen wood strands[J]. Holzforchung，63（5）：609-617.

ZHOU H Y，WEI X，SMITH L M，et al.，2019. Evaluation of uniformity of bamboo bundle veneer and bamboo bundle laminated veneer lumber(BLVL)[J]. Forests，10（10）：921.

ZOU Z H，WU J，ZHANG X M，2019. Influence of moisture content on mechanical properties of bamboo scrimber[J]. Journal of Materials in Civil Engineering，31（7）：06019004.

第 3 章　热压参数对重组竹热压过程温度与蒸气压力的影响

3.1　引言

重组竹板坯热压成形是一个涉及动量传递、热量传递、质量传递和内部化学反应以及相位变化的复杂过程，与热压工艺三要素——热压压力、热压时间和热压温度密切相关。在热压初期，浸胶竹束板坯首先受到热压板挤压，以排除内部的空气，并增大浸胶竹束之间的接触面积。随着热量从板坯表层逐渐传导至芯层，表层浸胶竹束中的水分首先汽化并向板坯芯层扩散。在湿热-载荷耦合作用下，竹材发生塑化变形，同时酚醛树脂胶黏剂发生缩聚反应并逐步固化，在荷载作用下二者紧密接触并缓慢胶合成形。随着热压时间延长，板坯芯层温度增加促使酚醛树脂的固化率逐渐提高，使得浸胶竹束板坯基本完成了热压成形过程。由此可见，合理设置热压参数有助于促进竹束软化以及胶黏剂充分固化，从而形成优异的界面结合，进而提高重组竹的物理力学性能。

程亮（2009）采用多段热压法研究发现，提高热压温度对重组竹力学性能提升的影响显著，最大可使内结合强度增加2倍以上。崔璨（2017）的研究发现表明，酚醛树脂胶黏剂在142.9℃时可基本固化完成，而毛燕清（2014）认为考虑到热量损耗，应将热压温度设定为高于酚醛树脂的固化温度，以155℃为宜。同时，作者还发现，在4.5 MPa的压力下进行热压可以得到最佳物理力学性能的重组竹。上述研究均通过优化热压工艺改善了重组竹的物理力学性能。然而，这些研究并未对重组竹在热压过程中的状态变化进行探究，从而无法为降低热压工艺能耗等提供有力支持。一些学者（Thoemen et al.，2006；Gupta et al.，2013；Rofii et al.，2014）深入研究了木材人造板热压过程中的热质传递特性，然而由于木材人造板与竹材人造板在原料材性和工艺参数方面存在差异，现有的研究结果难以为重组竹热压过程温度及蒸气压力变化规律与热压参数的响应关系研究提供充分的参考和借鉴。

本章以浸胶竹束板坯为研究对象，通过在板坯内部预埋热电偶和实验室自制的蒸气压力传感测量装置，研究了热压温度（140℃、150℃、160℃、170℃）、保压时间（15 min、20 min、25 min、30 min）和热压压力（4 MPa、5 MPa、6 MPa、7 MPa）对浸胶竹束板坯表层温度、芯层温度以及蒸气压力变化规律的影响。

3.2　材料与方法

3.2.1　试验材料

试验用毛竹（*Phyllostachys edulis*）采自湖南益阳，竹龄4～5年。将新采伐的毛竹截断成长度为400 mm的竹筒，沿纵向剖分成竹条，并去除竹青竹黄，最后疏解成竹束。其单根尺寸约为400 mm×50 mm×8 mm（长度×宽度×厚度），干燥后的含水率为8%～10%。随后，将其置于160℃的热处理窑中热处理3 h，得到热处理竹束。

水溶性酚醛树脂购置于北京太尔化工有限公司，其固含量约为50%。在试验前，使用蒸馏水将酚醛树脂稀释至浓度25%，将得到的酚醛树脂溶液样品密封冷藏备用。试验时，将热处理竹束在酚醛树脂溶液中浸渍20 min，随后取出陈放沥胶。将沥胶后的浸胶竹束放入电热鼓风干燥箱中低温干燥至目标初含水率（5%、

10%、15%、20%），干燥结束后密封保存备用。竹束酚醛树脂浸胶量约为20%。

3.2.2 试验设备

试验中所用的主要仪器与设备如表3.1所示。

表 3.1 试验仪器与设备

设备名称	型号	生产厂家
电热鼓风干燥箱	101-3AB	天津泰斯特仪器有限公司
热电偶	K 型	上海达宏松岛机械有限公司
宽屏数据采集仪	R7-100	上海星空自动化仪表有限公司
剖面密度测量仪	DENSE-LAB X	德国 EWS 公司

3.2.3 试验方法

3.2.3.1 试验设计

本试验通过“热进-冷出”工艺制备重组竹。将初含水率10%的浸胶竹束手工纵向铺装在热压垫板上，然后将板坯送入温度已升至目标热压温度的热压机进行热压处理。达到规定保压时间后停止加热，并通入冷却水对重组竹进行保压冷却处理，直至其芯层温度降至80℃，泄压出板。重组竹板材目标密度为1.1 g/cm^3，尺寸为400 mm（长）×400 mm（宽）×30 mm（厚）。各热压参数试验设计如表3.2所示。

表 3.2 浸胶竹束板坯热压参数试验设计

编号	热压温度/℃	热压压力/MPa	保压时间/min
1	140	5	20
2	150		
3	160		
4	170		

<table>
<tr><th>编号</th><th>热压温度/℃</th><th>热压压力/MPa</th><th>保压时间/min</th></tr>
<tr><td>5</td><td rowspan="4">150</td><td>4</td><td rowspan="4">20</td></tr>
<tr><td>6</td><td>5</td></tr>
<tr><td>7</td><td>6</td></tr>
<tr><td>8</td><td>7</td></tr>
<tr><td>9</td><td rowspan="4">150</td><td rowspan="4">5</td><td>15</td></tr>
<tr><td>10</td><td>20</td></tr>
<tr><td>11</td><td>25</td></tr>
<tr><td>12</td><td>30</td></tr>
</table>

3.2.3.2　温度与压力传感器布置

同2.2.3.2。

3.2.3.3　性能测试

（1）重组竹吸水厚度膨胀率测试

根据《人造板及饰面人造板理化性能试验方法》（GB/T 17657—2013）中4.4的测试要求，每块重组竹板取6个尺寸为50 mm×50 mm×30 mm的试件，在温度为（20±1）℃的水槽中浸泡120 h，每隔12 h取出并测量其厚度变化。吸水厚度膨胀率（Thickness Swelling Rate，TSR）取6个试件的平均值。

（2）重组竹剖面密度分布测试

本试验采用德国EWS公司生产的DENSE-LAB X剖面测量仪对重组竹进行剖面密度分布测量，测量精度为量程的±0.5%。每块重组竹板取3个50 mm×50 mm的试件。测量时，通过步进电机以0.5 mm/s的速度将试件送入测量仪，在厚度方向上利用X射线进行扫描并获得重组竹剖面密度分布情况。测量结果取平均值。

3.3 结果与讨论

3.3.1 热压温度对重组竹热压过程表层、芯层温度的影响

图3.1是热压温度对浸胶竹束板坯热压过程表层、芯层温度变化的影响。从图中可以看出，随着热压温度的升高，浸胶竹束板坯表层与芯层的升温速率显著提高，并且热压时间显著缩短。以C_1点［芯层中心点，图3.1（d）］为例，当热压温度为170℃时，C_1点温度到达120℃仅需26 min，相较于140℃的情况缩短了43.5%。这主要是因为在较高的热压温度条件下，与热压板接触后浸胶竹束板坯表层的传导热通量增大，从而使得板坯内部温度上升速率加快。同时，在更高的温度条件下，板坯表层水分的汽化速率加快，促进了板坯内部的对流传热，从而导致热压前期时$TC_{Ⅰ}$段（芯层快速升温段）与$TS_{Ⅰ}$段（表层快速升温段）的升温速率均随热压温度的增加而显著提高。随着板坯芯层温度达到汽化温度，板坯内部的对流传热减缓，并逐渐转变为以热传导为主的传热方式（Yu et al.，2007）。因而，$TC_{Ⅱ}$段（芯层慢速升温段）和$TS_{Ⅱ}$段（表层慢速升温段）的升温速率也随热压温度的提高而明显加快（Yu et al.，2007）。

为了研究不同热压温度对浸胶竹束板坯表层与芯层升温差异的影响，分别对板坯厚度方向及水平方向的温度差异进行了研究。当热压温度分别为140℃、150℃、160℃和170℃，浸胶竹束板坯的芯层温度均到达120℃时，其表层的温度分别为115.1℃、115.3℃、119.1℃和121.6℃，板坯表层与芯层之间的温差由4.9℃逐步减少至0.9℃。换言之，随着热压温度的升高，浸胶竹束板坯在厚度方向的温度梯度逐渐减小。这可能是因为较高的热压温度会加剧竹材细胞壁实质及板坯内部流体分子的热运动，从而提高浸胶竹束板坯的导热系数和热传导效率（Huang et al.，2016）；同时，随着热压温度的升高，板坯表层水分迅速受热汽化，从而提高蒸汽扩散系数并增强对流传热效应，导致芯层升温加快，最

终导致浸胶竹束板坯厚度方向的温度梯度减小（Cui et al.，2018；吴舒辞等，2012）。与上述情况相类似，对于浸胶竹束板坯水平方向的温度变化而言，当热压温度为140℃时，其表层与芯层水平方向的温度变异系数分别为1.6与0.5；而当热压温度为170℃时，其表层与芯层水平方向的温度变异系数分别降低至1.4与0.4。也就是说，提高热压温度可以减小板坯内部水平方向的温度梯度，但其作用有限；相较于芯层，板坯表层水平方向的温度离散程度更大，即温度分布更不均匀。这可能与表层热压板的温度分布均匀性、边部的水蒸气逸出散热、与金属厚度规接触、表层不同区域树脂分布及预固化差异等多个因素有关，还需要进一步验证。

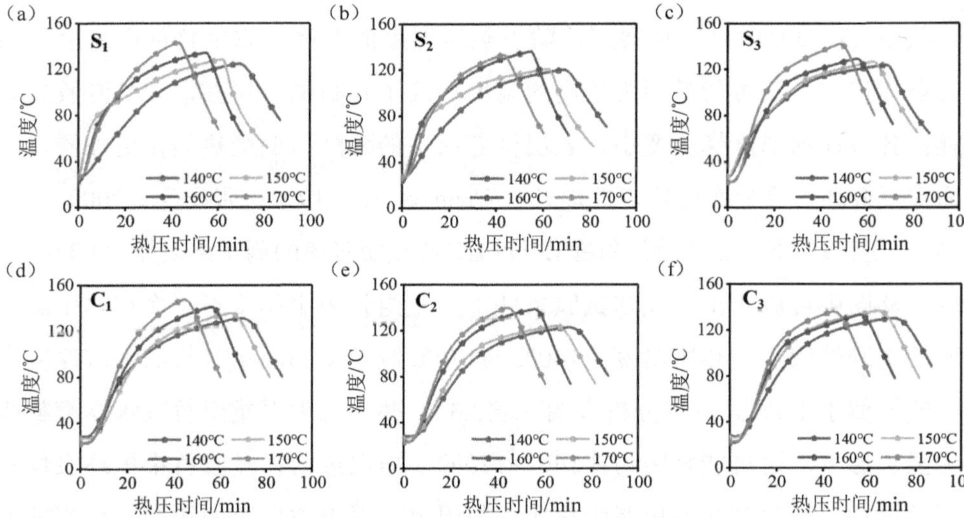

图 3.1　热压温度对浸胶竹束板坯热压过程表层、芯层温度变化的影响

如图3.2所示，采用C_1点的温度作为指标，将不同热压温度条件下，浸胶竹束板坯的C_1点温度到达120℃所需时间与其热压温度之间进行了拟合。拟合方程为$y=-0.692x+143.66$（$R^2=0.995$），拟合程度较高，表明二者呈现显著的负线性相关。

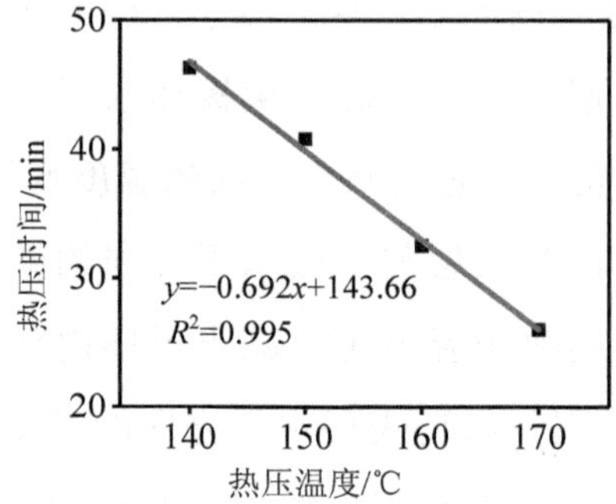

图 3.2　C_1 点到达 120℃的时间与热压温度的线性拟合曲线

图3.3展示了热压温度对重组竹剖面密度分布和吸水厚度膨胀率的影响规律。从图3.3（a）中可以观察到，随着热压温度的升高，重组竹剖面密度分布变得更加均匀。这可能是因为较高的温度提高了竹材的可塑性，并且浸胶竹束板坯内各方向的温度梯度变小，表层至芯层中的酚醛树脂受热固化更加同步，从而实现板坯密度分布的均匀性提升（Wang et al.，1996；张扬等，2009）。不同热压温度条件下制备的重组竹在120 h吸水厚度膨胀率的测试结果如图3.3（b）所示。从图中可以看出，在本试验条件下，重组竹吸水厚度膨胀率与热压温度之间的关联性较小，热压温度为140℃与170℃制备得到的重组竹的吸水厚度膨胀率的差值小于1%。方差分析表明（表3.3），热压温度对重组竹吸水厚度膨胀率无显著影响。这可能是因为在140～170℃热压温度内，浸胶竹束板坯表层和芯层温度均已经达到酚醛树脂固化所需的温度，厚度方向上的树脂固化程度差异较小（Yu et al.，2014）。因此，重组竹内部不存在明显的弱界面结合区域，即整体上的胶合性能差异很小。

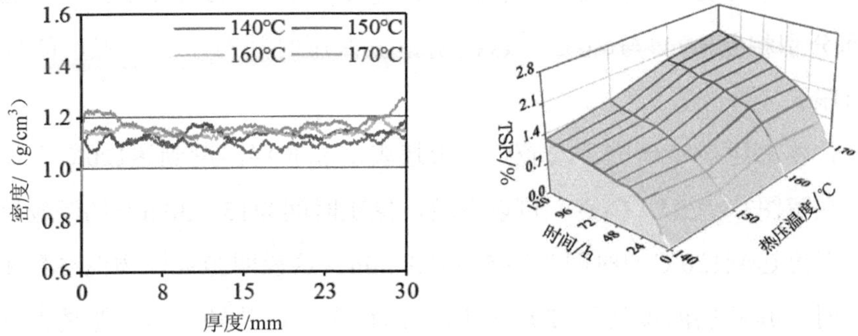

（a）剖面密度分布　　（b）吸水厚度膨胀率

图 3.3　热压温度对重组竹剖面密度分布与吸水厚度膨胀率的影响

表 3.3　热压温度对重组竹吸水厚度膨胀率影响的方差分析

热压参数	差异源	自由度	平方和	均方和	F 值	显著性
热压温度	组间	3	7.460	2.487	2.633	-
	组内	20	18.890	0.945		
	总计	23	26.350			

注：“-”表示在 0.01 水平差异内不显著。

3.3.2　保压时间对重组竹热压过程表层、芯层温度的影响

图3.4展示了保压时间对浸胶竹束板坯热压过程表层与芯层温度变化的影响。本试验条件下，保压时间指的是浸胶竹束板坯C_1点（芯层中心点）温度达到120℃后，继续进行保温保压的时间。从图中可以看出，在C_1点的温度达到120℃后，在一定时期内浸胶竹束板坯表层和芯层的温度都会缓慢上升，并在达到规定的保压时间时达到峰值温度。延长保压时间对于浸胶竹束板坯升温速率的影响较小，其升温速率的变异系数不超过0.8。另外需要注意的是，随着保压时间延长，板坯表层与芯层温度峰值也会缓慢上升。例如，保压15 min的浸胶竹束板坯，其表层和芯层的温度峰值分别达到124.8℃和130.8℃，而保压

30 min的浸胶竹束板坯，其表层和芯层的温度峰值则分别为128.7℃和136.8℃，两者之间分别相差3.9℃与6.0℃，这说明延长保压时间对于提高温度峰值的效果相对有限。

此外，本书进一步研究了浸胶竹束板坯表层和芯层温度到达120℃之前的升温情况。观察图3.4（d）（C_1点）可以发现，保压时间为15～30 min的浸胶竹束板坯，C_1点温度达到120℃的时间为37.5～43.8 min。这说明当板坯物性参数和热压参数相同时，其芯层温度达到120℃的时间仍存在一定差异。其可能是由竹束疏解程度差异、树脂胶黏剂及水分分布不均，以及浸胶竹束板坯铺装不均等原因导致热压过程中水分相变传热不均（Zhang et al.，2018；Chen et al.，2019）。

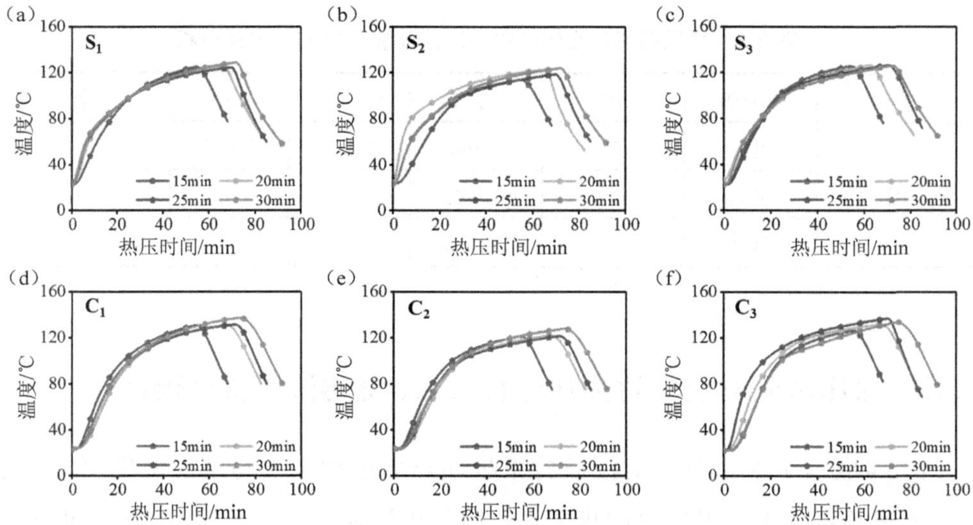

图 3.4　保压时间对浸胶竹束板坯热压过程温度表、芯层变化的影响

除了研究保压时间对板坯表层和芯层温度变化的影响，本书还进一步探讨了保压时间对重组竹剖面密度分布与吸水厚度膨胀率的影响，结果如图3.5所示。从图中可以观察到，在不同保压时间条件下制得的重组竹的剖面密度分布曲线均呈现出不规则波动状，其密度曲线的标准差分别为26.82、24.41、29.29

和25.17，数据离散程度相近。这说明保压时间对重组竹剖面密度分布的影响较小。然而，保压时间为25 min时，制得的重组竹具有较大的剖面密度分布标准差和较低的芯层密度，其可能是由于芯层竹束的疏解程度较松散或者试验时铺装不均匀等原因导致。此外，保压时间为15 min、20 min、25 min和30 min时，重组竹120 h吸水厚度膨胀率分别为0.84%、1.53%、1.63%和1.48%。这表明在本试验条件下，保压时间在15～30 min内时，重组竹胶整体合强度或内结合强度可能没有明显差别。通过方差分析结果（表3.4）发现在本试验条件下，热压过程的保压时间对重组竹吸水厚度膨胀率没有显著影响，并且二者之间没有显著关联性。综上所述，在考虑提高生产效率与降低成本等因素时，建议将重组竹热压过程中的保压时间控制在15～20 min内。

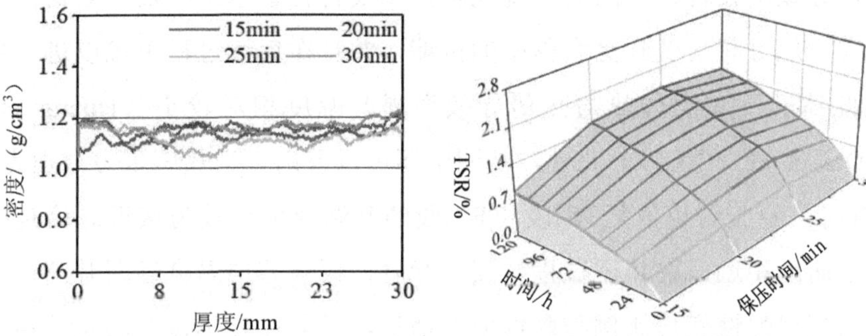

（a）剖面密度分布　　（b）120 h吸水厚度膨胀率

图 3.5　保压时间对重组竹剖面密度分布与吸水厚度膨胀率的影响

表 3.4　保压时间对重组竹吸水厚度膨胀率影响的方差分析

热压参数	差异源	自由度	平方和	均方和	F 值	显著性
保压时间	组间	3	2.299	0.766	1.208	-
	组内	20	12.691	0.635		
	总计	23	14.990			

注：“-”表示在 0.01 水平差异内不显著。

3.3.3 热压压力对重组竹热压过程表层、芯层温度的影响

图3.6是热压压力对浸胶竹束板坯热压过程表层与芯层温度随时间变化的影响规律。从图中可以看出，随着热压压力增加，浸胶竹束板坯表层和芯层升温速率均明显提高。当热压压力分别为4 MPa、5 MPa、6 MPa和7 MPa时，浸胶竹束板坯TC_1段的升温速率分别为3.08℃/min、3.89℃/min、4.11℃/min和4.16℃/min。这是因为较高的热压压力能够更快速地排出浸胶竹束间的空气，并使板坯在更短的时间内压缩到目标厚度，进而提高了板坯的热传导效率。然而，当热压压力超过6 MPa时，继续增加热压压力对浸胶竹束板坯升温速率的改善作用有限。这可能是由于热压压力超过6 MPa时，板坯在更高的载荷压力条件下可迅速密实，导致浸胶竹束之间的宏观孔隙，以及竹材基本组织及导管结构等微观孔隙在较短的时间内受到更大程度的挤缩，并且在后续过程中难以进一步被压缩，在此情况下对流传热与热传导效率提升幅度相对较小（Huang et al.，2020；Dai et al.，2005）。此外，从图中还可以看出，当热压压力分别为6 MPa与7 MPa时，浸胶竹束板坯TS_2段和TC_2段的升温速率也较为接近。这是因为二者的压缩速度相近，在热压过程持续进行时，板坯芯层温度逐渐升高，导致竹材细胞的延迟弹性变形比例与黏性应变增加，且通过导热传至芯层的传热量逐渐稳定且趋于一致，所以升温速率较相近（Jin et al.，2021；涂道伍等，2007）。此外，热压压力对浸胶竹束板坯的温度峰值影响较小。在7 MPa热压压力条件下，板坯表层与芯层温度峰值仅比4 MPa的分别提高4.2℃和3.6℃，提升幅度不明显。另外，在不同热压压力下浸胶竹束板坯的$TS_{Ⅲ}$段和$TC_{Ⅲ}$段（表层快速降温段和芯层快速降温段），其降温速率均随热压压力的增大而提高。然而，这种提升作用有限，提升幅度在3.6～4℃/min。最后需要注意的是随着热压压力提高，浸胶竹束板坯所需的热压时间缩短。例如，当热压压力为4 MPa时，板坯所需的热压时间为83 min；而热压压力分别为5 MPa、6 MPa和7 MPa时，板坯所需的热压时间与4 MPa时相比分别缩短了27.7%、34.9%和35.1%。

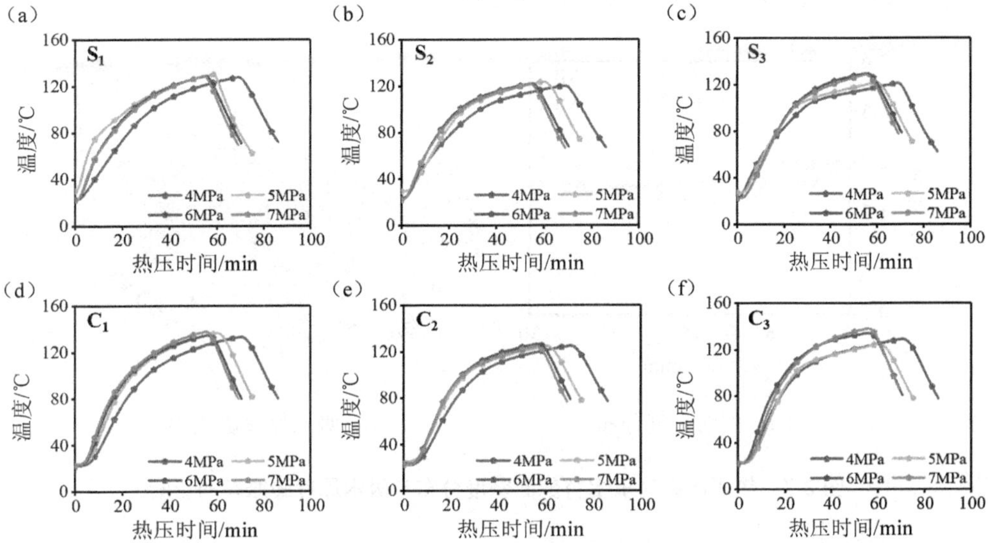

图 3.6　热压压力对浸胶竹束板坯热压过程表层、芯层温度变化的影响

图3.7是热压压力对重组竹剖面密度分布与吸水厚度膨胀率的影响。从图3.7（a）可以看出，不同热压压力条件下制备得到的重组竹，其剖面密度曲线整体呈表层高、芯层低的趋势。在4～6 MPa热压压力内，重组竹的剖面密度分布较为均匀，而7 MPa时则出现了较差的密度分布情况。这可能是因为在热压前期，浸胶竹束板坯表层获得的热量尚未传递至芯层，导致木质素尚未到达软化温度且半纤维素仍处于玻璃态状态，使得浸胶竹束板坯具有较差的可塑性或延展性。此时若受到较大外力载荷挤压作用，则竹材主要发生弹性变形和蠕变变形，竹材细胞壁易被压溃甚至脆性破坏，从而对重组竹物理性能产生不利影响（Yu et al.，2014；Zhan et al.，2019）。观察图3.7（b）可知，本试验条件下随着热压压力提高，重组竹吸水厚度膨胀率整体呈上升趋势，但增幅并不大。方差分析结果表明（表3.5），热压压力对重组竹吸水厚度膨胀率具有极显著影响。重组竹吸水厚度膨胀率小幅增长的原因可能是，过高的热压压力可能导致竹材纤维细胞壁部分压溃，造成重组竹刚性有所降低，在吸水测试时，水分子更易浸入其

内部，最终造成重组竹吸水厚度膨胀率提高。

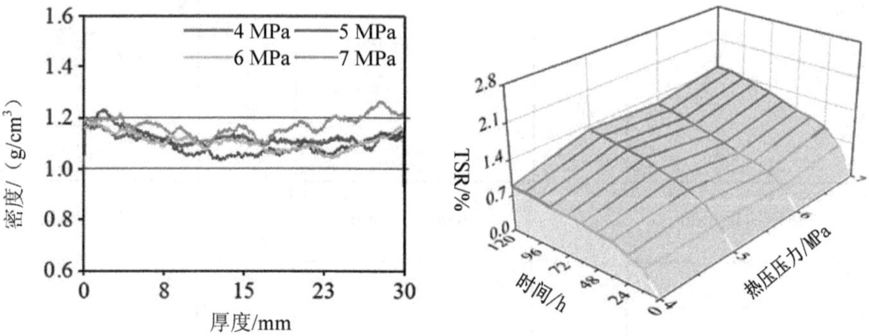

（a）剖面密度分布　　　　（b）吸水厚度膨胀率

图 3.7　热压压力对重组竹剖面密度分布与吸水厚度膨胀率的影响

表 3.5　热压压力对重组竹吸水厚度膨胀率影响的方差分析

热压参数	差异源	自由度	平方和	均方和	F 值	显著性
热压压力	组间	3	5.342	1.781	5.753	**
	组内	20	6.190	0.310		
	总计	23	11.532			

注：“**”表示在 0.01 水平差异极显著。

3.3.4　热压参数对重组竹热压过程芯层蒸气压力的影响

图3.8（a）展示了热压温度对浸胶竹束板坯热压过程中芯层蒸气压力变化的影响。从图中可以观察到，随着热压温度的升高，热量更早地从板坯表层传递至芯层，导致芯层温度达到汽化温度的时间点提前，常压段（VP_0段）明显缩短。例如，当热压温度为170℃时，VP_0段持续了16 min，较140℃的缩短了35%。随后，蒸气压力曲线进入快速升压阶段（$VP_Ⅰ$段）。随着热压温度的增加，芯层中心C_1点进入$VP_Ⅰ$段的时间点也提前。通过对比C_1点的升压曲线［图3.8（a）］与升温曲线［图3.1（d）］可以发现，在不同热压温度条件下，浸胶

竹束板坯的蒸气压力曲线均在芯层升温至90℃后进入VP$_{\text{I}}$段。此时测得的蒸气压力主要是表层水分在温度作用下迁移到芯层产生蒸汽所致。在不同热压温度条件下，板坯内部蒸气升压段（VP$_{\text{I}}$段+VP$_{\text{II}}$段）的升压速率存在显著差异。当热压温度为170℃时，板坯芯层的升压速率高达8.1 kPa/min，是140℃情况下的3.6倍。这是因为较高的热压温度会导致热压板传递至浸胶竹束板坯表层的热通量增加，从而使芯层内大量水分被迅速加热气化导致蒸汽产生量迅速增加，进而蒸气压力急速上升（Yu et al.，2007）。同时，热压温度越高也导致蒸气压力峰值明显上升。此外，不同热压温度下的蒸气压力曲线的降压速率（VP$_{\text{III}}$段，快速降压段）也呈现类似规律，即随着热压温度的升高，降压速率增加。例如，140℃板坯的降压速率为4.1 kPa/min，而170℃则增加至10.3 kPa/min。其原因主要是高温会使蒸汽的分子运动强度增加，分子之间的距离缩小，容易与周围的分子发生碰撞，从而导致降温过程中蒸汽更加易于汽凝而转变为冷凝水；也可能是因为在较高的热压温度下，竹材细胞壁中的化学组分可能发生不同程度的降解，导致水分吸附性能降低，蒸汽更容易冷凝或逸出（Chen et al.，2021）。

图3.8（b）展示了保压时间对浸胶竹束板坯热压过程中蒸气压力变化的影响。从图中可以观察到，在不同保压时间条件下，板坯的物性参数与热压温度参数及热压压力参数均相同，因此延长保压时间对各板坯VP$_0$段的持续时间几乎没有影响。同样地，不同保压时间条件下，浸胶竹束板坯在升压段（VP$_{\text{I}}$段+VP$_{\text{II}}$段）的升压速率差异较小，均在3.3～3.9 kPa/min内波动。这可能是由于竹束疏解程度、板坯铺装均匀性和树脂胶黏剂，以及水分分布等因素造成的差异。此外，随着保压时间延长，慢速升压段VP$_{\text{II}}$段的持续时间延长，蒸气压力峰值出现明显提高，且出现的时间也推迟至VP$_{\text{II}}$段末尾。在不同保压时间条件下，浸胶竹束板坯在VP$_{\text{III}}$段的降压速率也基本一致，只有保压时间30 min的浸胶竹束板坯在热压结束后仍残留蒸气压力。

图3.8（c）是热压压力对浸胶竹束板坯热压过程蒸气压力变化的影响。从图中可以看出，随着热压压力的增加，蒸气压力曲线中VP$_0$段的持续时间明显

缩短。这是因为热压压力较高时，板坯承受了更大的载荷作用，在热压前期可以被压缩得更加密实，从而阻碍了表层产生的蒸汽向板坯内部的流动和聚集。类似地，VP_{I}段和VP_{II}段的蒸汽升压速率也随热压压力的增加而明显提高。例如，浸胶竹束板坯在热压压力为4 MPa、5 MPa、6 MPa和7 MPa条件下，其蒸汽升压速率分别为1.4 kPa/min、2.7 kPa/min、3.5 kPa/min和4.0 kPa/min。这是由于根据普适气体定律，在相同热压温度下且孔隙体积减小时，板坯内部的蒸气压力将明显增大。此外，外载荷增加后，导致板坯表层在热压前期就发生明显密实化，致使热压过程中蒸汽很难逸出，进而提高了板坯内部的蒸气压力峰值。因此，浸胶竹束板坯在热压压力分别为6 MPa和7 MPa条件下热压成形时，即使热压结束后芯层仍有部分蒸气压力残留。经综合考虑，在本试验条件下，热压压力的最佳范围为5～6 MPa。

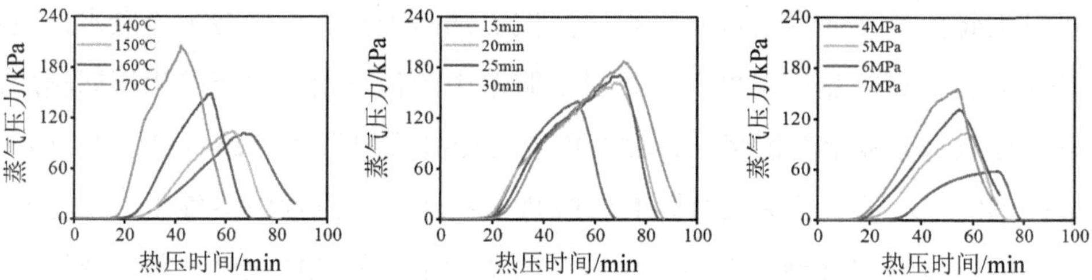

（a）热压温度　（b）保压时间　（c）热压压力

图 3.8　不同热压参数浸胶竹束板坯热压过程中芯层蒸气压力变化

3.4　小结

本章研究了热压温度（140℃、150℃、160℃、170℃）、保压时间（15 min、20 min、25 min、30 min）和热压压力（4 MPa、5 MPa、6 MPa、7 MPa）对浸胶竹束板坯表层温度、芯层温度、芯层蒸气压力以及热压后重组竹物理性能的影响，得出以下结论：

（1）随着热压温度的升高，浸胶竹束板坯表层和芯层的升温速率以及温度峰值提高，导致热压时间缩短。当热压温度为170℃时，板坯芯层到达120℃的时间仅26 min，相较热压温度为140℃的缩短了43.5%，且热压温度与板坯芯层到达120℃的时间呈显著负线性相关（$R^2>0.99$）。此外，随着热压温度增加，板坯在各方向上的温度梯度减小，且厚度方向的减小比水平方向更明显。随着热压温度提高，板坯芯层蒸气压力上升速率与压力峰值都有明显增加。例如，在热压温度170℃条件下蒸气压力上升速率较热压温度140℃条件下提高了2.6倍，且蒸气压力峰值提高了1倍。

（2）延长保压时间对提高板坯表层和芯层温度峰值作用有限，在保压15 min与30 min时间条件下，板坯芯层中心点温度峰值仅差6℃。在不同保压时间条件下，浸胶竹束板坯表层和芯层升温规律相同，但芯层温度达到120℃的时间存在差异。延长保压时间可以提高板坯芯层蒸气压力峰值，在保压15 min、20 min、25 min和30 min条件下，板坯芯层蒸气压力分别为140.9 kPa、162 kPa、171.4 kPa和188.3 kPa，且保压30 min的板坯热压结束后仍有蒸气压力残留（21.1 kPa）。在本试验条件下建议将保压时间控制在15～20 min。

（3）随着热压压力的增加，浸胶竹束板坯表层和芯层的升温速率提高，但当热压压力超过6 MPa时，其提升作用变得有限。热压压力对板坯表层和芯层的温度峰值影响较小，7 MPa条件下相较4 MPa条件下，表层与芯层温度峰值仅分别提升4.2℃和3.6℃。随着热压压力的增加，板坯芯层蒸气压力上升速率以及压力峰值均提高，7 MPa的板坯芯层蒸气压力峰值是4 MPa的1.8倍，并且在热压结束仍有19.1 kPa的残余蒸气压力。在本试验条件下建议热压压力控制在5～6 MPa。

（4）提高热压温度有助于实现重组竹剖面密度的均匀分布；不同保压时间条件下制备得到的重组竹，其剖面密度分布相差不大；随着热压压力的增加，重组竹剖面密度分布变得更加不均匀。在本试验条件下，只有热压压力对重组竹地120 h吸水厚度膨胀率存在显著影响。

参考文献

程亮，2009. 重组竹材制造技术的研究[D]. 呼和浩特：内蒙古农业大学.

崔璨，2017. 重组竹喷蒸热压工艺的研究[D]. 南京：南京林业大学.

毛燕清，2014. 竹质重组材热压工艺与质量控制的研究[D]. 福州：福建农林大学.

涂道伍，邵卓平，徐斌，2007. 竹材横纹热压流变学性质的研究[J]. 竹子研究汇刊，26（4）：45-49.

吴舒辞，刘帅，李建军，等，2012. 毛竹导热系数非线性拟合的PSO-BP模型[J]. 林业科学，48（11）：87-91.

张扬，于志明，于赫，2009. 纤维板断面密度分布热压形成过程的研究[J]. 北京林业大学学报，31（3）：129-134.

CHEN H，ZHANG Y T，YANG X，et al.，2019. A comparative study of the microstructure and water permeability between flattened bamboo and bamboo culm[J]. Journal of Wood Science，65（1）：64.

CHEN Q，FANG C H，WANG G，et al.，2021. Water vapor sorption behavior of bamboo pertaining to its hierarchical structure[J]. Scientific Reports，11（1）：12714.

CUI Z Y，XU M，CHEN Z F，et al.，2018. Experimental study on thermal performance of bamboo scrimber at elevated temperatures[J]. Construction and Building Materials，182：178-187.

DAI C P，YU C M，ZHOU X Y，2005. Heat and mass transfer in wood composite panels during hot pressing. Part Ⅱ. Modeling void formation and mat permeability[J]. Wood and Fiber Science，37（2）：242-257.

GUPTA A，JORDAN P，PANG S S，2013. Modelling the heat and mass transfer during hot pressing of medium density fibreboard[J]. Chemical Product and Process Modeling，8（1）：27-39.

HUANG P X，ZEIDLER A，CHANG W S，et al.，2016. Specific heat capacity measurement of phyllostachys edulis（moso bamboo） by differential scanning calorimetry[J]. Construction and Building Materials，125：821-831.

HUANG Y，LIN Q，YANG C，et al.，2020. Multi-scale characterization of bamboo bonding interfaces with phenol-formaldehyde resin of different molecular weight to study the bonding mechanism[J]. Journal of the Royal Society Interface，17（162）：20190755.

JIN F，SONG G Q，SHAO Z P，2021. Rheological parameters and characteristics of bamboo in compression perpendicular to grain under hot-pressing process[J]. Mechanics of Time-Dependent Materials，25（3）：313-325.

ROFII M N，YAMAMOTO N，UEDA S，et al.，2014. The temperature behaviour inside the mat of wood-based panel during hot pressing under various manufacturing conditions[J]. Journal of Wood Science，60（6）：414-420.

THOEMEN H，HUMPHREY P E，2006. Modeling the physical processes relevant during hot pressing of wood-based composites. Part Ⅰ. Heat and mass transfer[J]. Holz als Roh-und Werkstoff，64（1）：1-10.

WANG X M，RIEDL B，GEIMER R L，et al. 1996. Phenol-formaldehyde resin curing and bonding under dynamic conditions[J/OL]. Wood Science and Technology，30（6）：423-442.

YU C M，DAI C P，WANG B J，2007. Heat and mass transfer in wood composite panels during hot pressing：Part 3. Predicted variations and interactions of the pressing variables[J]. Holzforschung，61（1）：74-82.

YU Y L，HUANG X A，YU W J，2014. High performance of bamboo - based fiber composites from long bamboo fiber bundles and phenolic resins[J]. Journal of Applied Polymer Science，131（12）：40371.

ZHAN T Y，JIANG J L，LU J X，et al.，2019. Frequency-dependent viscoelastic properties of Chinese fir（Cunninghamia lanceolata）under hygrothermal conditions. Part 1：moisture adsorption[J]. Holzforschung，73（8）：727-736.

ZHANG Y M，HUANG X A，ZHANG Y H，et al.，2018. Scrimber board（SB）manufacturing by a new method and characterization of SB's mechanical properties and dimensional stability[J]. Holzforschung，72（4）：283-289.

第 4 章　重组竹热压过程热-质耦合模型构建与验证

4.1　引言

多孔介质是由多相物质所占据的共同空间，以固相为固体骨架，而没有固体骨架的空间则被称为孔隙。这些孔隙彼此之间连通，由气相流体、液相流体或者气液两相流体所占据。在研究多孔介质内的输运现象时，通常以“湿分”作为研究对象，因此多孔介质又可以称为含湿多孔介质（蔡正燕，2017）。多孔介质的热质传递现象虽然在生活中普遍存在，然而由于其包括固相、液相和气相三个相态，因而实际的热质传递过程十分复杂。首先，在温度梯度作用下，热量可以通过导热发生传递；同时也可以通过内部流体伴随相变形成的对流与扩散进行热交换。此外，介质内流体的运动和扩散原因非常复杂，其中包括重力势、温度与湿度引起的毛细势以及宏观压力势引起迁移，并且还包括了温度梯度和湿度梯度引起的蒸发和扩散凝结等现象。

重组竹是以浸胶固相为主体的多孔介质。在热压过程中，重组竹内部发生了多个物理变化和化学变化，这些变化交织复杂，难以完全通过试验来模拟和分析板坯内部环境。目前，数值解法是解决多孔材料传热传质问题的重要方法，在许多工程上可以得到令人满意的数值解。然而，重组竹热压成形过程是浸胶竹束经软化、流变以及胶黏剂固化后最终形成板坯的过程。该过程涉及蒸汽的凝结放热、热量的传递、竹材的软化流变、水分的迁移以及树脂胶黏剂的固化等诸多复杂过程，并且存在着不同物理场的相互叠加问题。因此，不能完全使用传统的数值计算方法对其热压成形过程传热传质现象进行分析，而需要将其视为一个多场耦合的传热传质问题。湿热耦合作用是指基于传热传质学原理以及质量守恒和动量守恒原则，探讨温度场、流动场和速度场之间的相互影响关系。因此，通过建立理论仿真模型并采用数值模拟方法来研究重组竹热压过程中的湿热耦合效应，为解析其流变成形特性提供了重要思路。

目前，在工程计算中，多孔介质多场耦合作用理论已广泛应用于岩土力学、土木工程、资源与能源工程等领域，成为解析复杂物理问题、模拟非线性行为的重要技术手段。近年来出现的多物理场耦合模拟计算软件，也逐渐得到了普遍应用（赵阳升等，2008）。其中，基于偏微分方程对科学和工程问题进行建模与仿真计算的交互开发环境系统COMSOL Multiphysics，在多个领域的多孔介质仿真分析问题中扮演着重要角色。鉴于此，本章对重组竹热压传热过程进行了合理简化，并采用数值法建立了数值仿真模型；利用COMSOL Multiphysics软件构建了重组竹湿热耦合热压模型，并对热压过程中板坯内部温度及蒸气压力变化等进行了详细分析。

4.2　热压过程模型建立

4.2.1　COMSOL Multiphysics 软件介绍

COMSOL Multiphysics是一款功能强大的多物理场仿真软件，它基于MATLAB中相关工具箱开发，可以完成创建仿真模型及多物理场耦合的仿真。目前，COMSOL Multiphysics已被广泛应用于工程、科学和研究领域，用于模拟和分析各种复杂物理现象和工程问题。COMSOL Multiphysics支持多种建模软件的模型导入，并具备与CAD、Pro/E等建模软件的导入接口，实现了模型实时传输，并可直接在软件内部进行简单的建模工作。该软件涵盖了多种物理场，在同一个仿真环境中可以耦合多个物理效应，如流体、热、力、电磁、化学等。计算完成后，用户可借助软件内置的派生值、表格、绘图和动画等形式进行结果分析；或者通过COMSOL Multiphysics与MATLAB、EXCEL等软件之间的接口深入处理数据。

根据重组竹热压成形板坯内部温度与蒸气压力传递规律，本研究重点考虑了传热、流体流动和化学物质传递模块。

（1）传热模块：该模块用于大多数传热机理的仿真，包括热传导、热对流和热辐射。传热接口用于计算温度场和辐射强度场。相关的多物理场接口还可计算其他物理场，如速度场、压力场或电磁场。传热接口和热多物理场耦合可用于模拟传导传热、对流传热或辐射传热，以及共轭传热或电磁传热。

（2）流体流动模块：该模块用于模拟液体和气体的流动场和压力场。这些物理场接口包含了单相流、多相流、薄膜流动、多孔介质流以及管道内部的流动等。

（3）化学物质传递模块：该模块用于计算溶液中化学物质的浓度场，可以用于描述稀溶液和浓溶液中的化学反应以及水分等液相扩散、对流和迁移等现象。

4.2.2 物理模型建立

在重组竹热压过程中，热压机上下压板的温度均为T_p，在一定时间内通过接触传热，上下压板向板坯芯层沿着厚度方向传递了一定数量的热量q。如图4.1所示，假设重组竹热压过程是一个第一类边界条件下的非稳态传热过程，其沿着上下表面对称加热。因此，在本章建立模型时基于实际条件进行简化，并做出以下假设：

（1）浸胶竹束板坯由完全干燥的竹束、均匀分布的水分与空气组成；

（2）在热压过程中，浸胶竹束板坯中主要通过热传导和热对流进行热传递，其中液相为水分，气相为湿空气（蒸汽），并视为理想气体；

（3）板坯内部的孔隙基本上互相连通；

（4）板坯内部没有任何热源（q_v=0）。由于树脂胶黏剂在热压过程中释放的热量相对于热压板所提供的热量而言非常微小，因此可以忽略不计（谢力生，2005）。

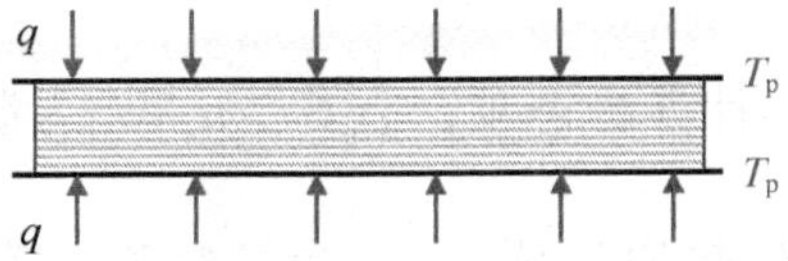

图 4.1 浸胶竹束板坯热压过程中受热模型

基于上述假设，对三维非稳态导热微分方程的一般形式进行了修改，从而得到重组竹热压过程的三维非稳态导热微分方程，如式（4.1）所示：

$$\rho c\frac{\partial t}{\partial \tau}=\frac{\partial}{\partial x}\left(\lambda\frac{\partial t}{\partial x}\right)+\frac{\partial}{\partial y}\left(\lambda\frac{\partial t}{\partial y}\right)+\frac{\partial}{\partial z}\left(\lambda\frac{\partial t}{\partial z}\right) \tag{4.1}$$

式中，ρ为物体密度；λ为重组竹导热系数；c为重组竹比热容。

在COMSOL Multiphysics中建立三维模型时，将重组竹视为多孔介质，并采用一个长方体作为模型。本书为提高计算效率，基于具有对称型的简化重组竹模型，沿对称面分割取其一半进行分析，模型尺寸设置为400 mm×400 mm×15 mm（长度×宽度×厚度），模型如图4.2所示。

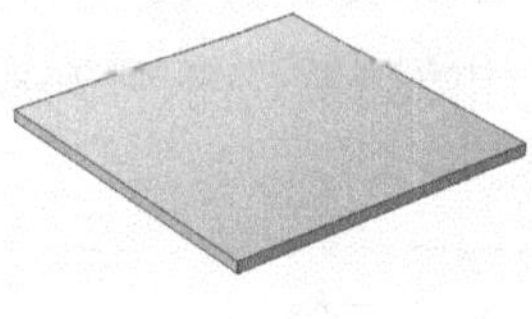

图 4.2 几何模型示意图

4.2.3 控制方程与多物理场预设

在热压过程中，浸胶竹束板坯内同时存在固相、液相和气相。考虑水分相变潜热对传热的影响，本模型通过引入含湿多孔介质中的传热物理场来研究热压过程中浸胶竹束板坯内部的传热变化。将几何模型整体设为含湿多孔介质，并且考虑了水分相变潜热，在此基础上，本模型的传热方程如式（4.2）所示：

$$(\rho C)\frac{\partial T}{\partial t}+\rho_g C_{p,\ g} u_g \nabla T+\rho_l C_{p,\ l} u_l \nabla T+\nabla q=Q+Q_{evap} \tag{4.2}$$

式中，$(\rho C)\frac{\partial T}{\partial t}$ 为时间累计非稳态项；$\rho_g C_{p,\ g} u_g \nabla T$ 为湿空气传导传热通量项；$\rho_l C_{p,\ l} u_l \nabla T$ 为液相传导传热通量项；∇q 为扩散项。等式右侧中，Q 为总传导热量，即热压板传递至板坯的热量；Q_{evap} 为水分相变潜热。其中，扩散项的计算如式（4.3）所示：

$$q=-k_{eff}\nabla T \tag{4.3}$$

式中，k_{eff} 为板坯相对渗透率。由于板坯内同时存在固相、液相与气相，因此应综合考虑：

$$k_{eff}=(1-\epsilon_p)\ k_s+\epsilon_p[(1-s_l)k_g+s_l k_l] \tag{4.4}$$

式中，k_s 为固相相对渗透率；k_g 为气相相对渗透率；k_l 为液相相对渗透率；s_l 为板坯内水分饱和度。浸胶竹束板坯可以视为一种非饱和含湿多孔介质，在其中存在着液体和蒸汽两种形式的湿分，并且其饱和度与渗透率之间应保持动态平衡。根据含湿多孔介质相关研究可知，当饱和含水率小于不可逆残余饱和度时，液相渗透性会趋向于无限小；而当饱和度大于不可逆残余饱和度时，则可以采用广泛使用的经验模型来表示液相渗透率。两种湿分相对渗透性随饱和度的变化规律如图4.3所示。

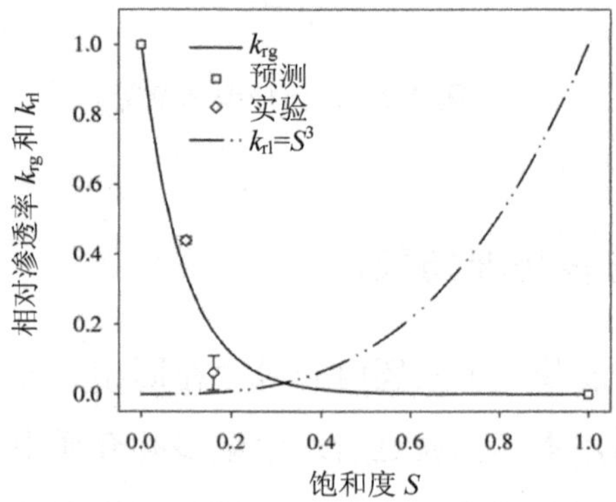

图 4.3 非饱和多孔介质中湿空气（k_{rg}）和水（k_{rl}）相对渗透性随饱和度（S）的变化（Feng et al.，2004）

其中，液相为结合水，在多孔介质中主要通过毛细管扩散传递；气相为湿空气，包含蒸汽和空气。通过添加多孔介质中的水分输送物理场，计算气相与液相通过扩散、对流以及迁移进行的传递。在液相与气相中，湿分的质量守恒控制方程如式（4.5）所示：

$$\frac{\partial w(\phi w)}{\partial t}+\rho_g u_g \nabla\omega_v+\nabla g_w+u_l\nabla\rho_l+\nabla g_l=G \tag{4.5}$$

式中，$\frac{\partial w(\phi w)}{\partial t}$ 为水分总量变化项；$\rho_g u_g \nabla\omega_v$ 为气相扩散项（质量）；∇g_w 为气相扩散通量；$u_l\nabla\rho_l$ 为液相扩散项（质量）；∇g_l 为液相扩散通量；G 为水分原始总质量项。其中，总水分含量与相对湿度的关系式如下：

$$w(\phi w)=\phi[\rho_l s_l+\rho_g\omega_v(1-s_l)] \tag{4.6}$$

式中，ρ_l 为水分密度；ρ_g 为湿空气密度；ω_v 为湿空气含湿量。

设置水分与湿空气流动参数时，由于该物理场的变量为多孔介质中的相对湿度，因此应将含水率转换为相对湿度，并使用以下计算公式进行计算：

$$MC=\frac{wc}{W_m-wc} \tag{4.7}$$

$$wc=25e^{\left(0.4+\frac{RH}{0.3}\right)} \tag{4.8}$$

式中，wc为板坯含水量；RH为多孔介质中的相对湿度；MC为板坯含水率；W_m为浸胶竹束板坯质量。根据物理场要求设置液相相对渗透率与气相扩散系数，根据图4.3与查表可知，相关属性系数如图4.4所示。

将含湿多孔介质的初始温度设置为室温。由于热压过程中，浸胶竹束板坯前后侧会向空气中散热，而左右侧紧挨金属厚度规。因此将左右侧设置为热绝缘条件，而前后侧与常温常压大气环境进行自然对流传热，其热通量的计算式如下：

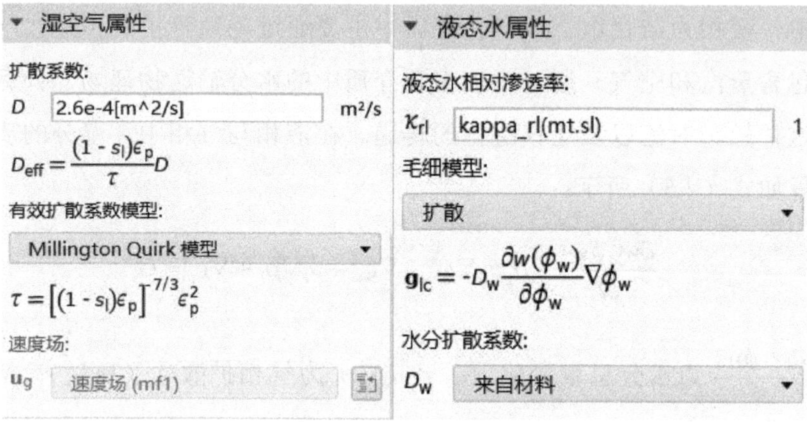

图 4.4 多孔介质中的水分输送物理场设置

$$q_0=h\left(T_{ext}-T\right) \tag{4.9}$$

式中，q_0 为对流热通量；h 为传热系数，本试验环境取1；T_{ext} 为外部温度。

添加“层流”物理场以计算液相与气相的流速。该物理场通过质量守恒方程与动量守恒方程综合解得。其中，动量守恒方程由牛顿第二定律根据板坯实际情况扩展而得，其计算式如下：

$$\rho\frac{\partial u}{\partial t}+\rho\left(u\nabla\right)u=\nabla\left[-pl+K\right]+F \tag{4.10}$$

式中，$\rho\frac{\partial u}{\partial t}$ 为气相流动速度变化项；$\rho\left(u\nabla\right)u$ 为湿分通量项；$\nabla\left[-pl+K\right]$ 为压力与剪切力项；F为体积力项。

质量守恒方程如式（4.11）所示：

$$\frac{\partial\rho}{\partial t}+\nabla\left(\rho u\right)=0 \tag{4.11}$$

将上述三个物理场进行两两耦合，即可得到热湿、水分流动和非等温流动的多物理场。其中，热湿物理场用以模拟板坯孔隙中液相和气相之间传热与水分输送之间的耦合；水分流动物理场用以模拟板坯内部液相与气相之间的关系及其变化情况；非等温流动物理场则用于模拟传热过程中温度与流体流动速度等因素之间的关系。

4.2.4　物性参数设置

（1）板坯密度

板坯密度计算公式如式（4.12）所示：

$$\rho_m=(1-\phi)\rho_n+\phi[(1-S_l)\rho_{ma}+S_l\rho_l] \tag{4.12}$$

式中，ρ_m 为板坯密度；ρ_n 为细胞壁实质密度；ρ_{ma} 为板坯内湿空气密度；ϕ 为板坯孔隙率。

（2）比热容

比热容计算公式如式（4.13）所示：

$$C_m=\frac{(1-\phi)C_s\rho_n+\phi[(1-S_l)C_{ma}\rho_{ma}+S_lC_l\rho_l]}{\rho_m} \tag{4.13}$$

式中，C_s 为板坯内固相比热容；C_{ma} 为板坯内气相比热容；C_l 为板坯内液相比热容，单位均为kJ/（kg·℃）。

（3）导热系数

根据Huang等（2014）的研究可知，板坯导热系数可以通过式（4.14）计算：

$$k_m=\frac{e^2}{\rho_m c_m} \tag{4.14}$$

（4）渗透率

渗透率计算公式如式（4.15）所示：

$$k_m=(1-\epsilon_p)\ k_s+\epsilon_p[(1-s_l)k_g+s_lk_l] \tag{4.15}$$

式中，k_m 为板坯渗透率；k_s 为固相相对渗透率；k_g 为气相相对渗透率；k_l 为液相相对渗透率。

根据Feng等（2004）对多孔介质渗透率的研究，本模型 k_g 计算方式近似为：

$$k_g = 1.1e^{-10.86S_l} \tag{4.16}$$

根据Dai等（2005）对木质复合材料渗透率的研究，并考虑到竹束尺寸形态，本模型 k_s 计算方式近似为：

$$k_s = \frac{\tau^2 \phi_s^{\ 3}}{C(1-\phi_s)^2} \tag{4.17}$$

式中，τ 为竹束厚度，本模型取0.05 m；C为曲度常数，本模型取1。

（5）孔隙率

根据Dai等（2005）关于OSB孔隙率与渗透性计算方法以及Feng等（2004）对非饱和多孔介质渗透性计算方法，由于板坯孔隙内仅存在湿空气与水，因此本试验采用以下近似计算方法来确定孔隙率：

$$\phi_g = \phi_s\left(1 - S_l\right) \tag{4.18}$$

$$\phi_s = 1 - \frac{\rho_{dry}}{\rho_n} \tag{4.19}$$

式中，ϕ_g 为气相孔隙率；ϕ_s 为固相孔隙率；ρ_{dry} 为竹材绝干密度。

4.2.5 求解网格划分

模型的网格质量直接影响仿真的精度与效率。因此，在对重组竹板坯进行几何模型划分网格时，需要确保网格的细致程度，并尽可能减少不必要的网格单元。COMSOL Multiphysics不仅能够生成自由网格，还可支持自适应划分网格。虽然可以自定义细化网格以获得更密集的网格单元，从理论上来说计算效果会更好，但这也会增加计算机负担并增加时间成本。

因此，本书将图4.2的几何模型的8个顶点设置为自定义细化网格进行精密处理，而其余部分则通过内置的极细化自由网格划分指令进行网格划分，具体如图4.5所示。该模型的构建几何包括1个域、6个边界、12条边和8个顶点；完整的模型构建几何包含10 000个域单元、5 800个边界单元和416个边单元。

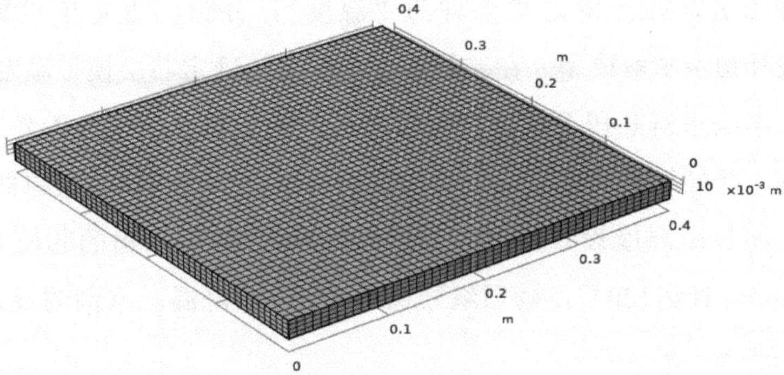

图 4.5　网格划分

4.3　模型求解与分析

将上述物理场接口均添加进软件，选择一般研究-瞬态，调整步长、物理场和变量选择。具体设置如图4.6所示。

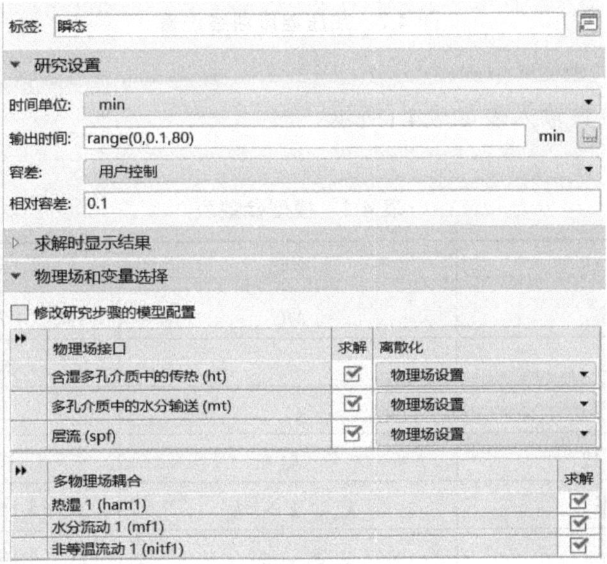

图 4.6　求解参数设置

设置模型表面接触的边界条件为“温度”，并将温度定值设置为热压温度，开始进行初步求解模型。在完成初步求解后，确定芯层模拟温度达到120℃的时间点，继续求解热压至规定保压时间后，模型热压曲线进入降温阶段，此时正式求解，并最终得到完成一个热压周期的温度及蒸气压力模拟曲线。

例如：将热压温度设置为150℃后求解模型，模型输出的芯层温度变化曲线显示30 min时到达120℃，随后继续保压20 min后降温。本例的设置热压温度曲线如图4.7所示。

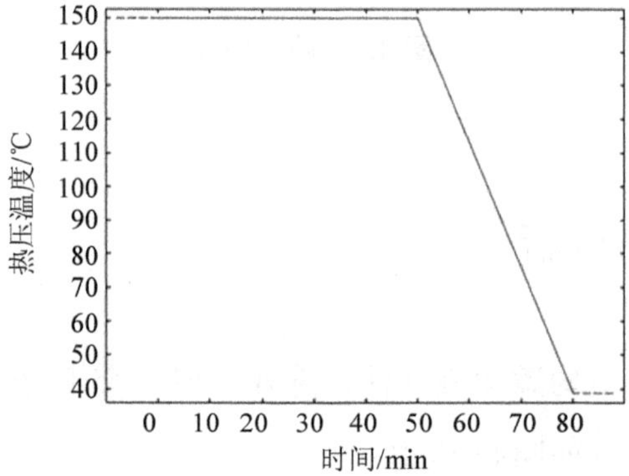

图 4.7　热压温度曲线设置

模型具体参数输入表如表4.1所示。

表 4.1　模型参数表

材料参数	变量	求解方程
含水率	MC	式（4.7）～式（4.8）
密度	ρ_m	式（4.12）
比热容	C_m	式（4.13）
导热系数	k_m	式（4.14）
渗透率	k_m、k_g、k_s	式（4.15）～式（4.17）
孔隙率	ϕ_g、ϕ_s	式（4.18）～式（4.19）

模型求解后的温度、相对湿度与蒸气压力分布云图如图4.8所示。

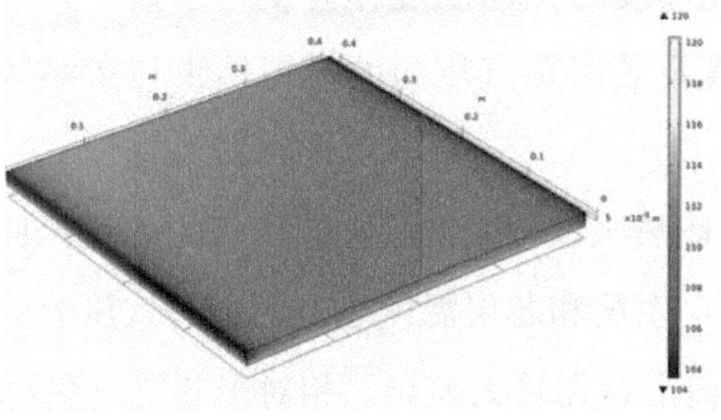

（a）温度分布

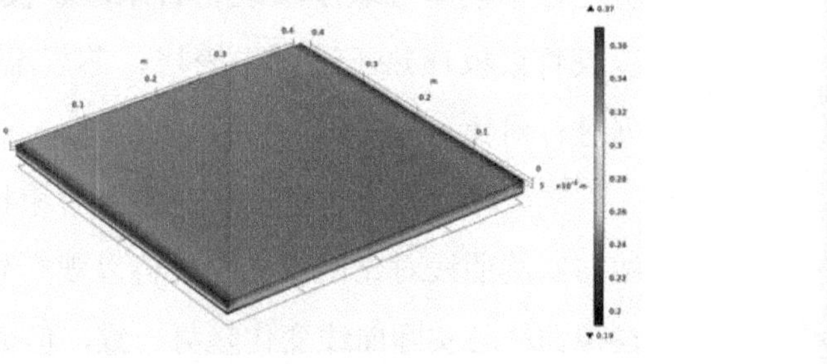

（b）相对湿度分布

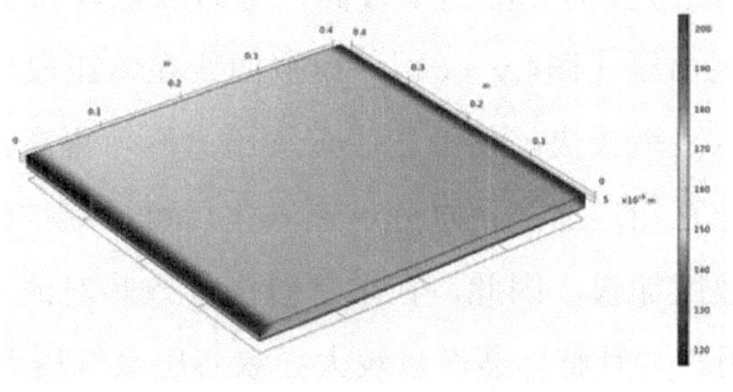

（c）蒸气压力分布

图 4.8　模型模拟分布云图

从上述模型模拟的各项参数云图结果可以观察到：在热压过程中，浸胶竹束板坯前后两侧无遮挡，与大气自然对流，导致热量和蒸汽能够自然逸出。因此，在模型中表现为前后温度较低、相对湿度较高，并且蒸气压力较小。这与2.3.1节关于浸胶竹束板坯水平方向温度梯度规律的描述一致。

考虑到在实际生产过程中，浸胶竹束的初含水率会受环境温度与相对湿度条件影响而变化。因此，在模拟蒸气压力变化时，将初含水率作为重要的变化参数进行求解是必要的。同时，在实际生产中，会根据不同需求调节重组竹的板厚，所以选取板坯厚度作为变化参数同样具有较大的现实意义。此外，根据第3章试验结果可知，热压温度对板坯内部温度变化的影响极大。例如，当热压温度为170℃时，浸胶竹束板坯表层与芯层甚至可同步达到120℃。综上所述，本模型选取了板坯初含水率、板坯厚度与热压温度作为变化参数，并将浸胶竹束板坯热压过程中表层、芯层温度及芯层蒸气压力的模拟结果与实测数据进行对比。

图4.9展示了15%初含水率浸胶竹束板坯热压过程中温度与蒸气压力的模拟曲线与实测曲线对比图。从图中可以观察到，表层和芯层温度以及芯层蒸气压力的模拟曲线与实际曲线变化趋势一致，但数值上存在较大差异。相对于芯层［图4.9（a）］和表层［图4.9（b）］的温度实测曲线，模拟得到的温度曲线更早达到120℃，并且慢速升温阶段的升温速率较高，导致表层峰值温度增加；相较于芯层蒸气压力的实测曲线［图4.9（c）］，模拟曲线在常压段的时间较短，并且快速升压阶段的升压速率较快，使得芯层蒸气压力峰值更高。这可能是因为模型假设板坯内部孔隙互相连通，在水分迅速汽化后可持续扩散流动，并且随着温度上升流体扩散速度加快。因此，在求解时，导致热对流对板坯内部升温速率起到重要促进作用，并且整体蒸汽量较大导致芯层蒸气压力也较高。

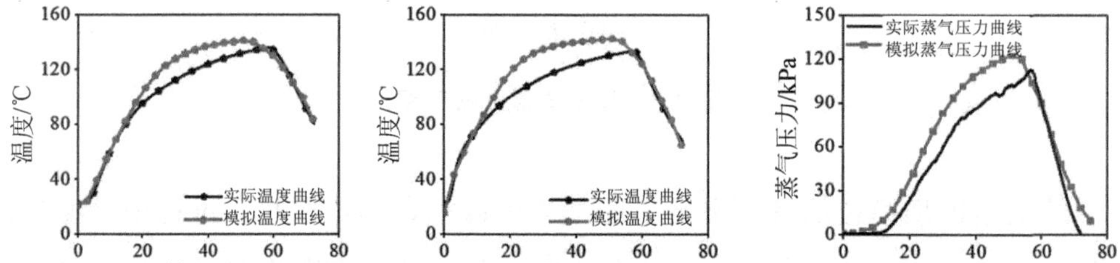

（a）芯层中心温度　（b）表层中心温度　（c）芯层中心蒸气压力

图 4.9　表层、芯层温度及蒸气压力模拟曲线与实测曲线图（15% *MC*）

图4.10展示了45 mm目标厚度浸胶竹束板坯热压过程中温度与蒸气压力的模拟曲线与实测曲线对比。从图4.10（a）和图4.10（c）可以观察到，板坯芯层中心温度与蒸气压力的模拟曲线与实测温度曲线及蒸气压力曲线的趋势一致，并且模拟的温度峰值与实测温度峰值相当，但是模拟蒸气压力峰值高出实测蒸

气压力峰值9.1%。类似于图4.9所示规律，相较于芯层温度的实测曲线，模拟曲线达到120℃所需时间更短，并且其温度峰值较低；而相较于芯层蒸气压力的实测曲线，模拟曲线在常压段的时间较短，并且其蒸气压力峰值较高。这可能是因为模型模拟热压过程时，板坯受热更加均匀，导致水分受热汽化现象更加显著，进而使得热对流效应更强；同时，热量和蒸汽通过边界逸出的量较少，导致蒸汽量增加。

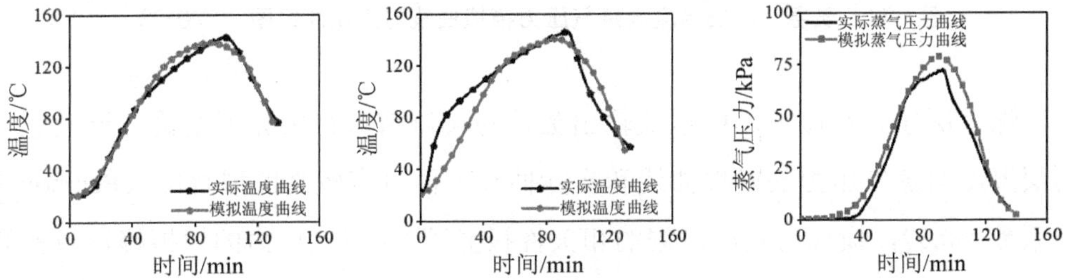

（a）芯层中心温度　（b）表层中心温度　（c）芯层中心蒸气压力

图 4.10　表层、芯层温度与蒸气压力模拟曲线与实测曲线图（45 mm）

然而，从图4.10（b）可以发现，板坯表层的模拟温度曲线与实测曲线的升温趋势存在较大差异。这可能是由于在试验过程中，板坏铺装时测量点的位置发生偏移导致的误差。在实际操作中，由于浸胶竹束板坯结构松散且厚度较大，在受挤压时浸胶竹束可能会发生滑移，进而导致测量位置产生偏差。此外，由于模型模拟时，认为板坯内部密度分布均匀，因此模拟升温曲线较实测曲线更平缓，这也导致误差进一步加大。

图4.11展示了热压温度为170℃时，浸胶竹束板坯热压过程中温度与蒸气压力变化的模拟曲线与实测曲线对比图。从图中可以观察到，表层和芯层温度以及芯层蒸气压力的模拟曲线和实际曲线变化规律基本一致，但数值上存在一定差异。这种规律性和影响因素类似于图4.9和图4.10的分析结果。在模拟蒸气压力曲线中，常压段较短可能是由于高热压温度和孔隙之间相互连通导致水分在热压前期就发生汽化导致的。

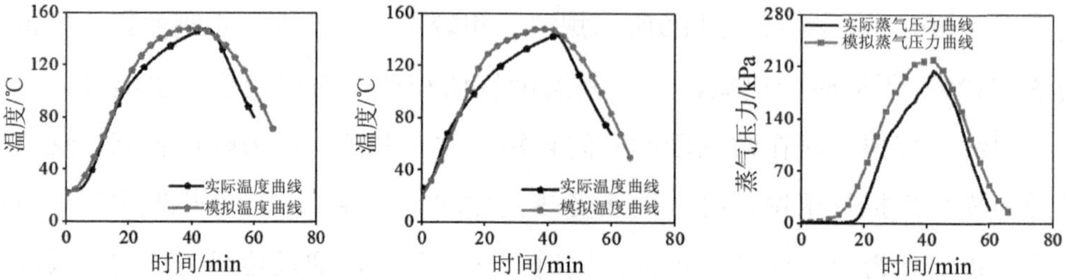

（a）芯层中心温度　　（b）表层中心温度　　（c）芯层中心蒸气压力

图 4.11　表层、芯层温度与蒸气压力模拟曲线与实测曲线图（170℃）

综上所述，对比上述模拟值输出数据与实测值可得出如下结论：该模型在芯层温度与蒸气压力的模拟曲线和实际曲线方面具有较高的拟合度（Pearson相关系数＞0.97，模拟与实测数据的相关性极显著）。蒸气压力的模拟峰值较实测值高8%～10%，能够准确地反映热压过程中板坯芯层温度和蒸气压力随时间变化的情况。与实测曲线相比，芯层温度的模拟曲线普遍提前达到120℃，而蒸气压力的常压段时间则较为短暂。这是因为在模型仿真过程中孔隙之间连通性好，并且蒸汽对流扩散作用强烈，从而导致板坯升温效果更加明显。然而，在表层温度方面，该模型所得到的仿真曲线与实测曲线之间稍有差异（相关系数为0.89）。可能是由于孔隙连通性在仿真过程中未完全符合实际情况；或者在实际热压试验时浸胶竹束受到水平或者厚度方向上滑移等因素影响，导致了测量点产生偏差等。

4.4　小结

本章利用COMSOL Multiphysics仿真软件，通过设置重组竹热压过程的基本数学模型、物理场、边界条件、具体参数与求解器等，建立了重组竹湿热耦合仿真模型。同时，选取板坯初含水率、板坯厚度与热压温度作为变化参数，对热压过程中浸胶竹束板坯表层和芯层温度以及蒸气压力随时间的变化情况进行求解。与实测值进行对比后得到以下结论：

（1）对比15%初含水率浸胶竹束板坯热压过程的实测曲线，芯层温度模拟曲线与实测曲线拟合度高（Pearson相关系数＞0.97），峰值温度基本一致；而芯层蒸气压力模拟曲线在常压段较实测曲线更短，并且蒸气压力模拟峰值高于实测值。表层温度模拟曲线与实测曲线的重合性不如芯层，具体表现为模拟曲线中快速升温段时间较长，至125℃时才进入慢速升温段，而实测曲线在100℃就进入慢速升温段。将目标厚度设定为45 mm，或将热压温度设定为170℃后代入模型计算，所得到的模拟规律试验结果类似于15%初含水率情况下的结果。其中，45 mm目标厚度浸胶竹束板坯表层温度的模拟结果明显地区别于实际测试数据。

（2）该模型能够在不同的板坯初含水率、目标厚度与热压温度条件下，预测浸胶竹束板坯热压过程芯层温度与蒸气压力的变化情况。具体而言，该模型求解得到的芯层温度曲线与实测曲线拟合度较高，模拟温度峰值与实测值基本一致。芯层蒸气压力模拟曲线与实测曲线趋势基本相符，但蒸气压力峰值比实测值高出8%～10%。该模型对表层温度变化进行的模拟与实测之间的拟合程度稍低（相关系数为0.89）。

参考文献

蔡正燕，2017. 含湿多孔介质热湿传递机理实验研究及数值模拟分析[D]. 济南：山东建筑大学.

谢力生，2005. 干法纤维板热压过程中的传热研究[D]. 南京：南京林业大学.

赵阳升，杨栋，冯增朝，等，2008. 多孔介质多场耦合作用理论及其在资源与能源工程中的应用[J]. 岩石力学与工程学报，27（7）：1321-1328.

DAI C P，YU C M，ZHOU X Y，2005. Heat and mass transfer in wood composite panels during hot pressing. Part Ⅱ. modeling void formation and mat permeability[J]. Wood and Fiber Science，37（2）：242-257.

FENG H，TANG J M，PLUMB O A，et al.，2004. Intrinsic and relative permeability for flow of humid air in unsaturated apple tissues[J]. Journal of Food Engineering，62（2）：185-192.

HUANG P X，CHANG W S，SHEA A，et al.，2014. Non-homogeneous thermal properties of bamboo[M/OL]//AICHER S，REINHARDT H W，GARRECHT H. Materials and joints in timber structures. Dordrecht：Springer Netherlands：657-664.

第 5 章　物性参数对重组竹热压过程应力-应变的影响

5.1　引言

重组竹具有优异的力学性能，在室外地板、户外景观建筑、家具和装饰装修等多个领域广泛应用。因此，生产中常需要制造不同目标密度和厚度规格的重组竹，以适应各种不同的应用场景。然而，重组竹目标密度和尺寸规格差异是导致浸胶竹束板坯热压成形过程差异性的一个重要影响因素。Kumar等（2016）的研究发现，增加重组竹目标密度会显著提高浸胶竹束板坏在热压过程中的压缩密实化程度，因而对热压成形过程控制等提出了更高要求。Lu等（2023）的研究发现，目标厚度会影响重组竹的剖面密度分布。目标厚度越小，浸胶竹束板坯热压过程中传热效率越高，浸胶竹束板坯更容易被软化，导致热压后重组竹剖面密度分布也越均匀。因此，在热压成形过程中，不同目标密度和不同目标厚度的浸胶竹束板坯在“湿热-载荷”条件下的密实化程度和热软化性质等会有所差异，从而对重组竹最终产品的性能产生影响。此外，浸胶竹束板坯的初含水率也是影响其热压成形的重要因素。水分作为塑化剂有利于浸胶竹束板坯在湿热环境下热软化和塑性变形，从而提高板坯的压缩变形和应力松弛能力。然而，田心池等（2023）的研究发现，当浸胶竹束板坯初含水率过高时，可能导致板坯内部产生过量的湿热蒸汽且无法顺利排出，进而造成板坯内部蒸气压力过大，最终导致重组竹板材出现“鼓泡”和“爆板”等问题。综上所述，浸胶竹束板坯热压成形特性与板坯的物性参数存在显著相关性。在前序章节中，已经探讨了不同物性参数对重组竹热压成形过程温度场和蒸气压力场的影响，在本章中将着重探究湿热耦合场对浸胶竹束板坯流变行为的影响。

本章以浸胶竹束板坯为研究对象，系统研究热压过程中板坯初含水率（5%、10%、15%、20%）、目标厚度（20 mm、25 mm、30 mm、35 mm）和目标密度（0.9 g/cm^3、1.0 g/cm^3、1.1 g/cm^3、1.2 g/cm^3）三个因素对板坯应力-应变和芯层中心温度变化的影响规律。通过表征浸胶竹束和重组竹微观形貌特征的变化，探究热压过程中浸胶竹束板坯压缩变形机制，并揭示各物性参数对板坯应力-应变响应的影响规律。

5.2 材料与方法

5.2.1 试验材料

试验用毛竹（*Phyllostachys edulis*）采自湖南益阳，竹龄4～5年。将新采伐的毛竹截断成长度为400 mm的竹筒，沿纵向剖分成竹条，并去除竹青竹黄，最后疏解成竹束。其单根尺寸约为400 mm×50 mm×8 mm（长度×宽度×厚度），干燥后的含水率约为8%～10%。随后，将其置于160℃的热处理窑中热处理3 h，得到热处理竹束。

水溶性酚醛树脂购置于北京太尔化工有限公司，固含量约为50%。在试验前，使用蒸馏水将酚醛树脂稀释至浓度25%，将得到的酚醛树脂溶液样品密封冷藏备用。试验时，将热处理竹束置于上述酚醛树脂溶液中浸渍20 min后并沥胶处理，竹束酚醛树脂浸胶量约为20%。待胶液沥干后再放置于鼓风干燥箱低温干燥至目标初含水率（5%、10%、15%、20%），干燥结束后密封保存备用。竹束酚醛树脂浸胶量约为20%。

5.2.2　试验设备

试验中所用的主要仪器与设备如表5.1所示。

表 5.1　试验仪器与设备

设备名称	型号	生产厂家
电热鼓风干燥箱	101-3AB	天津泰斯特仪器有限公司
宽屏数据采集仪	R7-100	上海星空自动化仪表有限公司
热电偶	K 型	上海达宏松岛机械有限公司
动态热机械分析仪	Q800	美国 TA 公司
扫描电子显微镜	MIRA4	捷克 TESCAN 公司
X 射线断层扫描仪	GE Vtomex	英国 ELGA Sievers 公司
非接触全场应变测量系统	XTDIC-FLC-EC4	新拓三维技术有限公司
滑走切片机	M2000R	德国 Leica 公司

5.2.3　试验方法

5.2.3.1　试验设计

试验设计采用单因素设计法，分别测量不同板坯初含水率（5%、10%、15%、20%）、目标厚度（20 mm、25 mm、30 mm、35 mm）和目标密度（0.9 g/cm^3、1.0 g/cm^3、1.1 g/cm^3、1.2 g/cm^3）下，热压成形过程中浸胶竹束板坯的应力-应变经时变化。当以板坯初含水率为变量时，重组竹的目标厚度和目标密度分别设定为30 mm、1.1 g/cm^3；当以目标密度为变量时，板坯初含水率和目标厚度分别设定为10%、30 mm；当以目标厚度为变量时，板坯初含水率和目标密度分别设定为10%、1.1 g/cm^3。具体的试验方案见表5.2。

表 5.2 浸胶竹束板坯物性参数试验设计

<table>
<tr><th>试验序号</th><th>板坯初含水率/%</th><th>目标厚度/mm</th><th>目标密度/（g/cm³）</th></tr>
<tr><td>1</td><td>5</td><td rowspan="4">30</td><td rowspan="4">1.1</td></tr>
<tr><td>2</td><td>10</td></tr>
<tr><td>3</td><td>15</td></tr>
<tr><td>4</td><td>20</td></tr>
<tr><td>5</td><td rowspan="4">10</td><td>20</td><td rowspan="4">1.1</td></tr>
<tr><td>6</td><td>25</td></tr>
<tr><td>7</td><td>30</td></tr>
<tr><td>8</td><td>35</td></tr>
<tr><td>9</td><td rowspan="4">10</td><td rowspan="4">30</td><td>0.9</td></tr>
<tr><td>10</td><td>1.0</td></tr>
<tr><td>11</td><td>1.1</td></tr>
<tr><td>12</td><td>1.2</td></tr>
</table>

目标重组竹的纵向和横向尺寸分别为400 mm和500 mm。根据公式（2.1）和（2.2），计算并称取所需浸胶竹束质量。采用“热进-冷出”热压工艺，重组竹厚度通过热压机位移控制。将浸胶竹束手工纵向铺装在热压垫板上，当热压机压板温度达到150℃时，将板坯放入下压板并开始热压。热压50 min后，保持压机载荷不变并通入冷却水降温，直至板坯芯层温度降至80℃，泄压出板。

5.2.3.2 热压过程板坯应力-应变和芯层温度测量

如图5.1所示，试验中采用的K型热电偶具有0.1℃的温度测量精度，可准确测量浸胶竹束板坯在热压过程中芯层的温度，并将其转换为热电动势信号。通过无纸记录仪记录板坯芯层温度经时变化。试验所用热压机自带板坯应力和位移测量装置，可以直接获取板坯在热压过程中应力和厚度随时间变化情况。板坯经时厚度变化与板坯初始厚度的比值为板坯经时应变，其计算公式如式（5.1）所示：

$$\varepsilon_t = \frac{\Delta T}{T_0} = \frac{T_0 - T_t}{T_0} = 1 - \frac{T_t}{T_0} \tag{5.1}$$

式中，ε_t表示浸胶竹束板坯的经时应变；T_t为浸胶竹束板坯在t时的厚度，mm；T_0表示浸胶竹束板坯的初始厚度，mm。

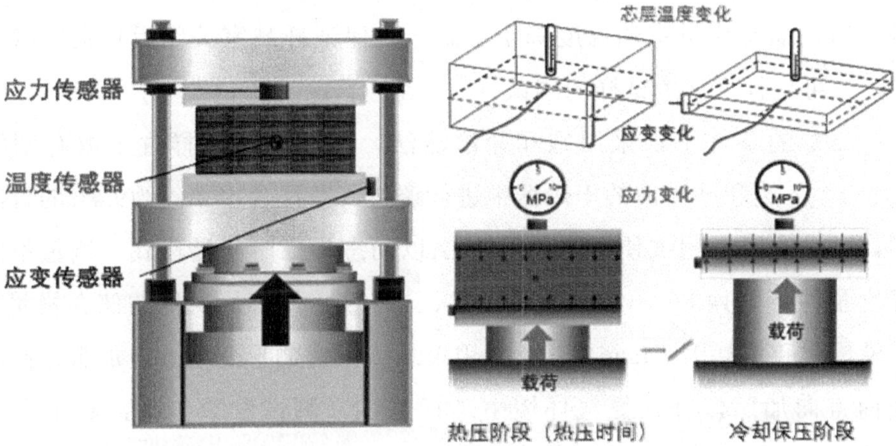

图 5.1　浸胶竹束板坯应力-应变和芯层温度测量

5.2.3.3　动态热机械分析

从竹材的竹肉位置制取竹薄片，并使用400目砂纸将其打磨至表面光滑，得到试验样品，尺寸为35 mm×12 mm×3 mm（长度×宽度×厚度），经气干处理后含水率约为20%。

利用五氧化二磷（P_2O_5）固体在玻璃干燥器中营造相对湿度（RH）为0的湿度环境，并将竹薄片试样放置于干燥器中平衡处理20周以上，直至试样质量不再发生变化，得到含水率约为0.6%的竹薄片试样，用于应变谱测试。在进行应变谱测试时，采用动态热机械分析仪（DMA）以动态应变扫描模式对竹薄片试样进行测量，并在不同恒定温度条件下（20℃、40℃、60℃、80℃、100℃、120℃、140℃、160℃、180℃）测量其应力-应变、储存模量E'、损耗模量E''及损耗因子$\tan\delta$。试验采用单悬臂梁弯曲形变模式，加载方向沿竹材弦向方向加压，并在氮气环境中进行测试。测试参数包括：测定频率为3 Hz，弯曲变形跨距为18 mm，动态载荷振幅值在1～100 μm，扫描持续时间为5 min。在室温条件下测量试样尺寸，并输入仪器中。随后将试样放入测量室中，并使用合适的夹具进行固定。关闭测量室，并开始试验。每完成一个试样测试后，需待测量室的温度降至室温，且保证样品室关闭后稳定温度小于25℃，方可进行下一个试样的测试。

在25℃的条件下，采用饱和盐溶液法，将竹薄片试样置于放有硝酸镁［$Mg(NO_3)_2$］饱和盐溶液的干燥器中进行调节，获得含水率约为9.4%的竹薄片试样，以供时间谱测试使用。采用DMA以动态扫描时间谱模式，测量不同恒定温度条件下（140℃、150℃、160℃、170℃）竹薄片试样的储存模量E'、损耗模量E''和损耗因子$\tan\delta$。试验采用单悬臂梁弯曲形变模式，加载方向沿竹材弦向方向加压，并在氮气环境中进行测试。测试参数包括：测定频率为3 Hz，弯曲变形模跨距为18 mm，动态载荷振幅为15 μm，并沿试样弦向进行弯曲。

将竹薄片试样浸入水中3天后，在相对湿度100%、温度25℃的环境中放置7天，得到含水率为60%的竹薄片试样。随后，在25℃条件下，采用饱和盐溶液法，将竹薄片试样放置在含有不同饱和盐溶液的干燥器中进行调节，以获得不同的初始含水率。不同饱和盐溶液所对应的相对湿度和平衡含水率如表5.3所示。

表 5.3　25°C 条件下饱和盐溶液与相对湿度和平衡含水率对照表

饱和盐溶液	相对湿度 RH/%	平衡含水率 EMC/%
醋酸钾 KCH_3COOH	25.00	5.66
硝酸镁 $Mg(NO_3)_2$	55.00	9.40
氯化钠 NaCl	75.00	15.70
氯化钾 KCl	85.00	19.30

5.2.3.4　扫描电子显微观察

采用扫描电子显微镜（SEM）观察浸胶竹束样品和重组竹样品的横截面显微构造。首先，将浸胶竹束样品和重组竹样品裁切成5 mm×5 mm×5 mm的立方体，经冷水软化后在滑走式切片机上修整光滑，放入103℃烘箱中将其干燥至绝干。随后，将样品放置于带有导电胶的样品托上并轻轻按压以确保固定牢靠，在离子溅射仪（JEOL JFC-1600）内进行喷金处理。处理条件为真空环境下，30 mA电流处理90 s。最后，将喷金后的样品放入SEM样品腔中进行扫描观察，并选择平整度好、细胞形态清晰的区域进行拍摄。测试参数为：真空度$5e^{-5}$ mbar、工作距离8～15 mm、加速电压7～10 kV。

5.2.3.5　计算机断层扫描测试

采用计算机断层扫描仪对重组竹芯层和表层样品进行孔隙结构观察。从重组竹芯层和表层分别切取尺寸为6 mm×6 mm×6 mm的立方体样品，再将样品在103℃烘箱中干燥至绝干后密封保存。计算机断层扫描仪空间分辨率为6 μm，切片厚度为0.2 mm，测试电流为100 μA，加速电压为60 kV。将试样置于CT扫描设备转台中央进行360°旋转扫描，每个试样各获得550个CT扫描切片，并利用Avizo Mimics软件对孔隙结构进行三维重构及孔隙率测量。

5.2.3.6　数字散斑测试

试验用毛竹试样尺寸为25 mm×21.5 mm×6 mm（长度×宽度×厚度），含水率约为5%。试验时，将试样分别在不同温度（20℃和70℃）条件下进行横向压缩测试。数字散斑（Digital Image Correlation，DIC）具体试验步骤如下：首先在竹片试样的横切面上均匀喷涂白漆形成基底色，以确保竹片试样上散斑场扫描图像清晰。其次，在其表面使用黑色哑光自喷漆形成大小适中且分布均匀的散斑，如图5.2所示。将竹片试样固定在测试仪平台上，并调整数字散斑高速摄像机以获得清晰图像。采用尺寸为12 mm×9 mm，精读为0.01 mm的标定板对数字散斑高速摄像机进行标定。完成标定后，选择等速压缩测试模式，并将压缩速度设置为1 mm/min。最后，在测试台上放置试样并完成测试区域和参考点的设置，沿着试样厚度方向开始进行压缩试验。当进行高温压缩应变测量时，提前将测试仪平台升温至70℃并保持样品保温5 min后开始测试。在压缩试验过程中，数字散斑高速摄像机以100 ms/fps的速度对竹材试样的有效试验区进行图像采集。完成压缩试验后，采用vic.9和vic.3D软件对竹材试样的散斑图像进行分析。

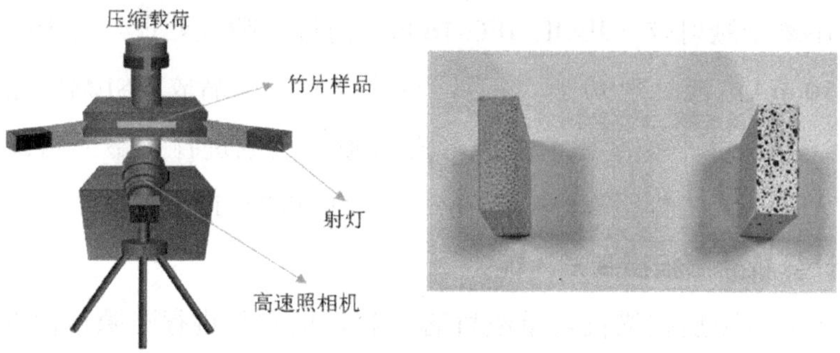

图 5.2　数字散斑试验示意图和喷涂散斑样品

5.3　结果与讨论

5.3.1　初含水率对板坯热压过程应力-应变的影响

浸胶竹束板坯热压过程中的应力主要由两部分构成，即板坯因为发生压缩弹塑性变形而产生的压缩应力以及高温高压条件下板坯内部分子热运动加剧发生热膨胀而产生的湿热应力。如图 5.3（a）所示，在热压过程中，浸胶竹束板坯的应力-应变曲线呈现出相似规律。将热压过程中浸胶竹束板坯的应力-应变响应行为分为四个阶段：S_1 阶段为应力激增阶段，S_2 阶段为应力平台阶段，S_3 阶段为高温-应力松弛阶段，S_4 阶段为冷却-应力松弛阶段。图 5.3（b）和图 5.3（c）展示了不同初含水率（5%、10%、15%、20%）浸胶竹束板坯热压成形过程中的应力-应变和芯层中心温度变化曲线。从图中可以观察到，随着浸胶竹束板坯初含水率的增加，在 S_1 阶段不同板坯的热压应力-应变曲线基本重合，然而在 S_2 阶段的持续时间呈现显著增加规律。当初含水率为 20%时，S_2 阶段的持续时间相较于 5%初始含水率条件下的板坯延长了约 12.85 min。并且，在 S_3 和 S_4 应力松弛阶段，更高初始含水率条件的板坯表现出更慢的应力松弛速率和更高残余应力。例如，20%初含水率条件下，板坯的残余应力约为 2.97 MPa；而 5%初含水率条件下，板坯的残余应力约为 0.41 MPa。出现上述现象的原因可能是，板坯初含水率直接影响板坯内部蒸气压力，进而影响板坯内部的湿热应力（Beygi et al.，2022；Goli et al.，2019）。当板坯初含水率从 5%增加到 20%时，在板坯内部会产生更多的高温湿热蒸汽，并在狭窄孔隙通道中可能形成更高的蒸气压力（Baral et al.，2017）。而在 S_4 阶段，通过冷凝水对板坯迅速降温后板坯发生冷缩，且内部高温蒸汽发生冷凝，导致由大量蒸气压力造成的高湿热残余应力显著下降（Gao et al.，2022）。如果在热压结束后不进行冷却处理，则板坯内部温度场仍保持在 140℃以上。此时无法排出残留的湿热蒸汽，并且过高的湿热应力可能导致卸压后重组竹出现鼓泡、爆裂等问题，严重影响重组竹产品性能，这一现象与 Lu 等（2023）和田心池等（2022）的研究结果相吻合。

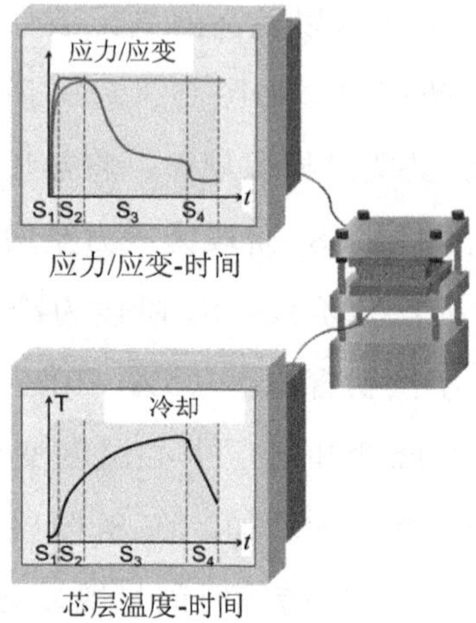

（a）浸胶竹束板坯热压过程中板坯应力-应变和芯层温度变化规律示意图

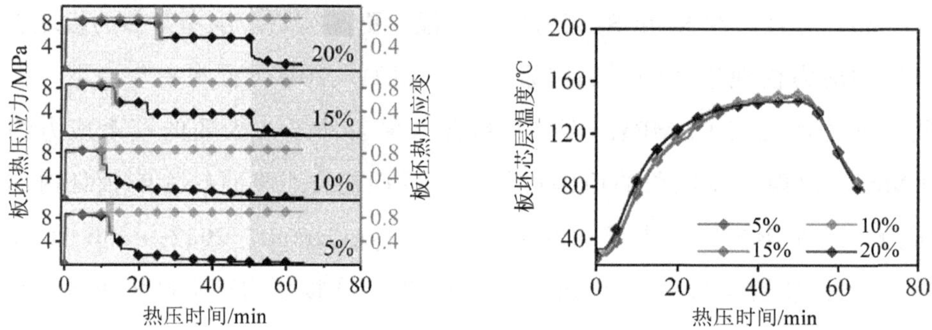

（b）　　　　　　　　　　　　　　（c）

图 5.3　初含水率对浸胶竹束板坯应力-应变和芯层温度变化的影响

含水率是影响热压过程中浸胶竹束板坯热软化效果和提高板坯热塑性的重要因素。图5.4（a）展示了高聚物的模量-温度曲线，从图中可以观察到，其力学性质随温度变化呈现三种不同状态，即玻璃态、高弹态和黏流态。这三种状态反映了高聚物在不同温度范围内的物理行为及其对应的力学性能。首先，在低温下，高聚物处于玻璃态状态，此时分子运动受到极大限制，链段几乎没有运动自由度，其形变主要依靠分子链段的微小调整。在这种情况下，高聚物表现出较高的弹性模量、刚性和硬度以及较低的阻尼性能。当温度逐渐升高并接近玻璃化转变温度（T_g）时，高聚物的分子热运动能量增加。当温度达到或超过玻璃化转变温度时，分子的内旋转位垒被克服，链段运动被激发。这一过程中，高聚物从玻璃态转变为高弹态。当材料处于高弹态时，其弹性模量急剧下降并且阻尼性能显著增加。这是因为在高弹态下，高聚物分子链段具有更大的运动自由度，从而促进了分子链之间的相互滑动和调整，使材料表现出显著的变形能力和吸收能量的能力。此时，高聚物的力学性质明显趋于软化，表现为较低的硬度和较高的韧性。随着温度进一步升高至聚合物黏流温度（T_f），高聚物的分子链段运动更加剧烈，整体分子结构趋于无规则，呈现出类似于黏性流体的特性，使得高聚物处于黏流状态。

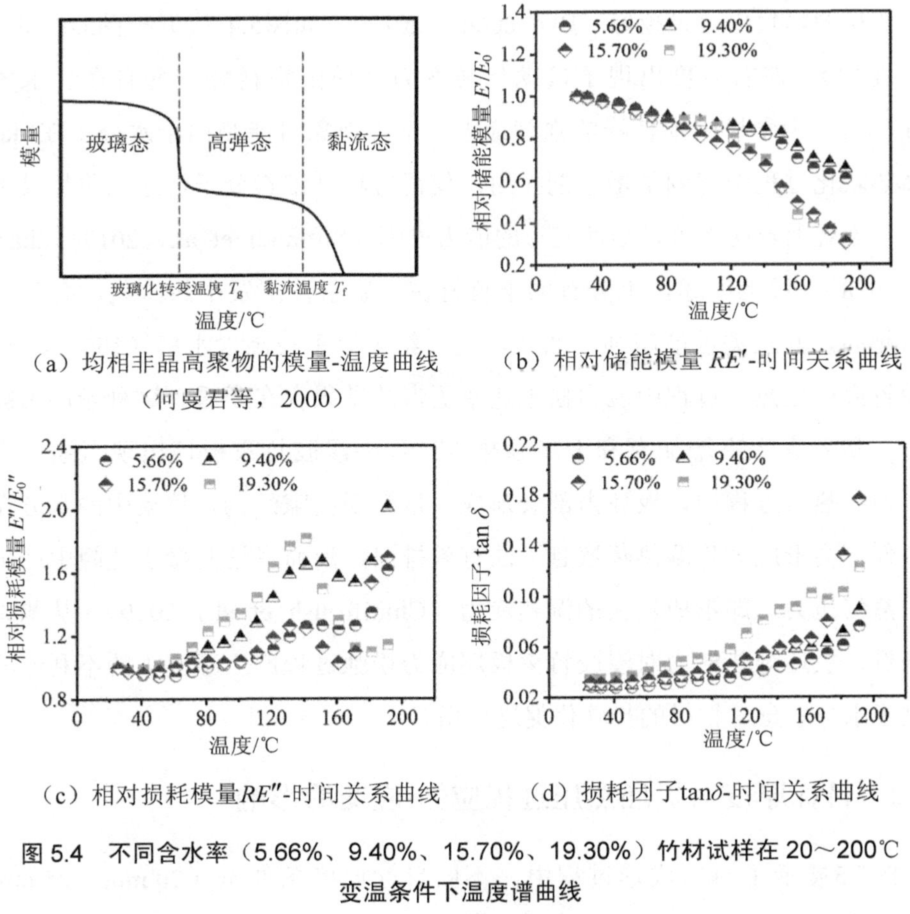

（a）均相非晶高聚物的模量-温度曲线（何曼君等，2000）

（b）相对储能模量 RE'-时间关系曲线

（c）相对损耗模量 RE''-时间关系曲线

（d）损耗因子tanδ-时间关系曲线

图 5.4　不同含水率（5.66%、9.40%、15.70%、19.30%）竹材试样在 20～200℃变温条件下温度谱曲线

然而，相较于橡胶这类完全无定型高聚物，竹材由纤维素、半纤维素和木质素组成，其中纤维素存在结晶区域，因此几乎不可能达到完全黏流状态。但是，在特定条件下它也能表现出聚合物的黏流特性。图5.4（b）～图5.4（d）展示了不同含水率（5.66%、9.40%、15.70%、19.30%）竹材试样在变温条件下（20～200℃）的动态温度扫描曲线：相对储能模量*RE′*-时间关系曲线［图5.4（b)]、相对损耗模量*RE″*-时间关系曲线［图5.4（c)］及损耗因子tanδ-时间关系曲线［图5.4（d)］。从图5.4（b）中可以观察到，随着温度升高，竹材的相对损耗模量*RE″*下降，并且竹材含水率越高，其相对损耗模量*RE″*下降速率越快。该现象表明水分有利于竹材非结晶组分Matrix基体的热软化，并且含水率越高时，竹材的热软化效果越好（Bao et al.，2017)。如图5.4（c）～图5.4（d）所示，在140℃左右温度出现了玻璃化转变力学松弛损耗峰，并且在含水率为19.03%时，力学松弛损耗峰的强度最大。这种现象可能是由于水分子在Matrix基体热软化过程中起到了增塑剂作用，使得竹材纤维素分子链之间更加易于滑移，在宏观上表现出竹材塑性变形的能力增强（Sufiandi et al.，2019；Zhan et al.，2018)。综上所述，水分有助于竹材在高温条件下发生热软化，并且水分含量越高，其热塑性能越强。然而，这一结果似乎与高含水率（15%和20%）浸胶竹束板坯热压过程中应力松弛速率更慢的结果存在矛盾。这种矛盾可能是由于，尽管含水率增加有利于高温热压过程中浸胶竹束板坯出现压缩应力松弛，但在热压过程中，板坯内部会形成大量微观孔隙结构，竹束中的水分在高温条件下会形成大量湿热蒸汽且无法有效排出，反而在这些微小孔隙中产生较高的蒸气压力，即形成较大的湿热应力（Chiniforush et al.，2019)。从测试结果来看，板坯湿热应力对浸胶竹束板坯应力松弛过程产生了更大的不利影响，超过了水分本身对竹材的热软化促进作用。

5.3.2 目标厚度对板坯热压过程应力-应变的影响

图5.5展示了热压成形过程中，不同目标厚度条件下（20 mm、25 mm、

30 mm、35 mm），浸胶竹束板坯的应力-应变曲线和芯层中心温度变化曲线。从图中可以观察到，在S_1和S_2阶段，不同目标厚度的浸胶竹束板坯对应力-应变过程无显著影响。然而，在S_3阶段，随着目标厚度减小，浸胶竹束板坯的应力松弛速率减慢，导致S_3阶段的板坯残余应力增加。20 mm目标厚度时，在S_3阶段的末尾，浸胶竹束板坯的残余应力约为3.45 MPa，高于35 mm目标厚度时的0.28 MPa。并且，随着目标厚度的减小，板坯芯层的升温速率也会显著增加。例如，在20 mm目标厚度条件下，浸胶竹束板坯芯层温度升温速率约为4.77℃/min，是35 mm目标厚度下浸胶竹束板坯芯层温度升温速率的2.2倍。这一现象可能是由于较小的目标厚度导致热量从表层传递到芯层距离缩短，进而提高了传热效率，从而使板坯平均温度和芯层温度更高。因此，在热压过程中产生更大的体积膨胀和应力（Chen et al.，2024；Lu et al.，2023）。在S_4阶段，体积发生热膨胀的浸胶竹束板坯在冷凝水的作用下发生冷缩（Zhao et al.，2016），导致板坯热应力迅速减小至约为0.18 MPa。

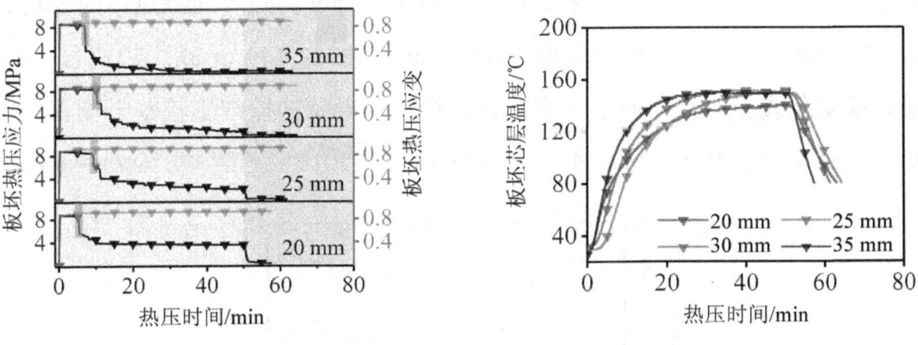

图 5.5　目标厚度对浸胶竹束板坯应力-应变和芯层温度变化的影响

为了探究竹材解剖构造对热压过程中浸胶竹束板坯应变演变规律的影响，采用数字散斑技术观察了不同温度条件下（20℃和70℃）竹材压缩过程的动态应变分布，结果如图5.6和图5.7所示。从图5.6中可以看出，当外部载荷等速向下压缩竹材试样时，竹材整体应变呈现等速堆积，并且其应力经历三个阶段：弹性变形阶段（AB段）、压屈变形阶段（BC段）和破坏阶段（CD段）。在AB段，应力随着应变呈线性上升趋势，符合虎克弹性变形规律。此时，竹材细胞壁向内微微弯曲，试样发生可恢复的弹性变形。在BC段，随着应变持续增加，试样的应力上升速率显著减小。此时，竹材内部薄壁细胞壁向内塌陷，并且纤维素分子链可能发生滑移、结晶区晶体结构重排。因此，竹材弹性变形逐渐消失，且塑性变形逐渐增加（Hao et al.，2018）。在CD阶段，随着应变进一步增加，试样的应力迅速下降并最终被破坏。此时竹材薄壁细胞被压溃，细胞壁中的纤维素分子链发生断裂（Jin et al.，2021）。相较于室温20℃条件下的竹材压缩过程，高温（70℃）条件下压缩时，竹材应力峰值显著降低，说明在高温条件下竹材内部Matrix基体部分易于发生热软化，从而降低了竹材的刚度，导致竹材试样更易发生压缩变形（Shrestha et al.，2017；Jiang et al.，2009）。如图5.7所示，观察竹材应变分布云图可以发现，竹材应变首先在底部（靠近竹黄一侧）出现，即薄壁细胞较多、维管束较少的一侧先发生压缩形变，并且温度对竹材压缩应变分布规律没有影响。这可能是因为竹材壁层上维管束沿径向分布呈“外密内疏”的特点，即靠近竹青侧的纤维细胞含量高于靠近竹黄侧（Jin et al.，2021；Liu et al.，2012）。由于纤维细胞承受荷载能力强于薄壁细胞，在此情况下导致薄壁细胞较多一侧首先产生应变，从而使得压缩应变分布不均匀（Yu et al.，2019）。

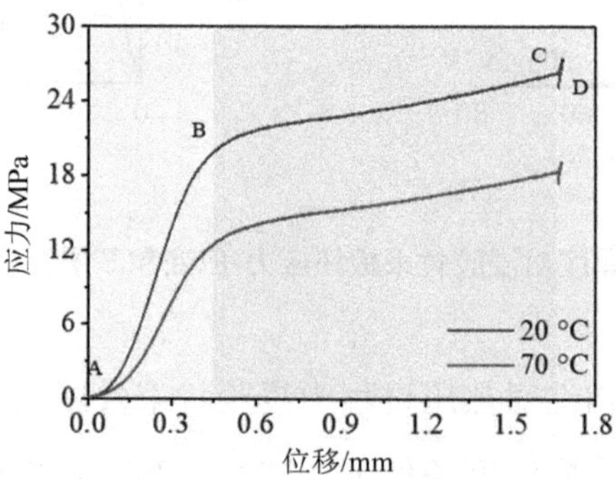

图 5.6 20℃和 70℃条件下竹材压缩过程应力-位移曲线

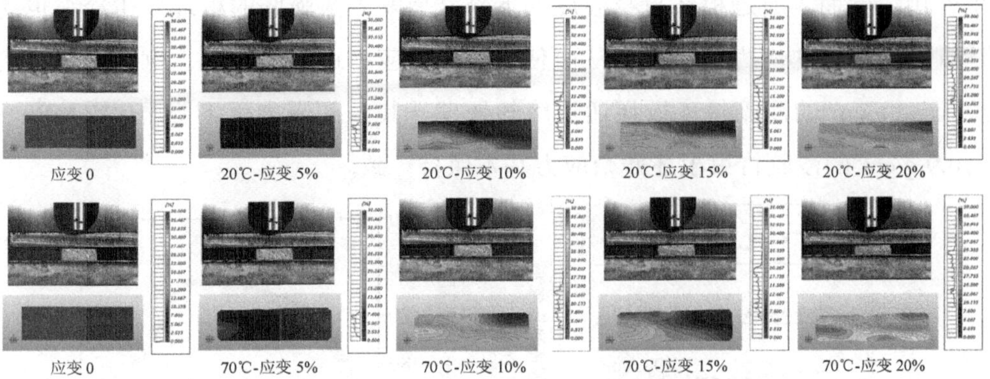

图 5.7　20℃和 70℃条件下竹材压缩过程应变云图

5.3.3　目标密度对板坯热压过程应力-应变的影响

图5.8展示了热压成形过程中，不同目标密度（0.9 g/cm^3、1.0 g/cm^3、1.1 g/cm^3、1.2 g/cm^3）浸胶竹束板坯的应力-应变曲线和芯层中心温度变化曲线。从图中可以观察到，随着目标密度的增加，浸胶竹束板坯芯层中心温度曲线和S_1阶段应力-应变曲线基本重合。然而，增加目标密度会分别导致S_2阶段持续周期显著延长。例如，在目标密度为1.2 g/cm^{3}时，浸胶竹束板坯在S_2阶段的持续时间为18.55 min；而目标密度为0.9 g/cm^{3}时，浸胶竹束板坯在S_2阶段的持续时间仅为5.43 min。在S_3阶段，浸胶竹束板坯的应力松弛速率随目标密度的增加而逐渐降低。当目标密度为1.2 g/cm^{3}时，浸胶竹束板坯在30.85 min内其应力松弛至2.88 MPa；而当目标密度为0.9 g/cm^{3}时，仅需2 min即可达到相同的应力水平。在S_3阶段的末尾，板坯残余应力下降至0.6 MPa。这可能是因为增加目标密度导致板坯产生更高的密实程度和更大的压缩难度（Kumar et al.，2016）。在相同温度条件下，浸胶竹束板坯受到热压载荷给予的约束作用增强，从而在板坯内部产生了更大的热应力（Jeon et al.，2014；Le et al.，2019）。尽管在S_4冷却阶段，浸胶竹束板坯仍处于保压状态而无法减小外部的约

束作用。然而，通过板坯自身温度的下降，使发生热膨胀的板坯发生冷缩也能达到降低板坯热应力的效果，从而使板坯内部应力进一步松弛。例如，目标密度为1.2 g/cm^{3}的浸胶竹束板坯通过冷却处理，其内部应力可下降至0.22 MPa，与0.9 g/cm^{3}的浸胶竹束板坯残余应力基本保持一致。

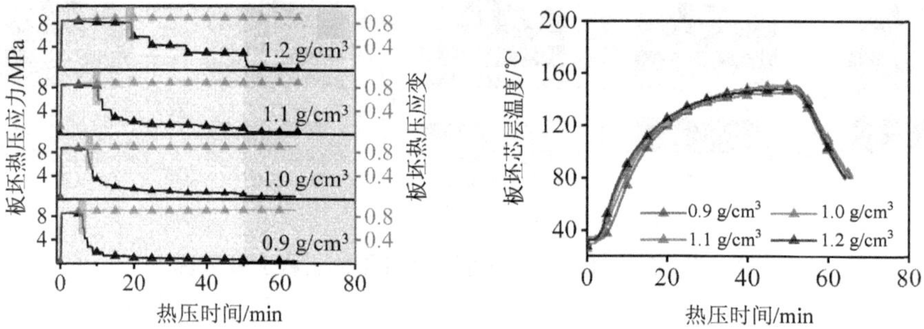

图 5.8　目标密度对浸胶竹束板坯应力-应变和芯层温度变化的影响

通过扫描电镜观察浸胶竹束和重组竹横切面微观形貌，结果如图5.9所示。从图5.9（a）中可以观察到，机械辊压疏解处理并未显著破坏竹材细胞壁结构，但是在竹材纤维束、薄壁细胞和导管之间形成明显的裂缝状破坏。如图5.9（b）所示，经过热压处理后，竹材维管束内的薄壁细胞和导管细胞发生了明显的压缩变形，维管束周围的薄壁细胞的细胞壁向内塌陷或被完全压溃。然而与薄壁细胞相比，纤维细胞没有明显变化。热压过程中薄壁细胞的密实化，改变了竹材细胞的梯度分布结构，使得重组竹的性能变得更加均质（Yu et al.，2019）。由扫描电镜观察可以推测，在热压过程的S_2阶段，浸胶竹束板坯薄壁细胞和导管细胞的压缩变形，是板坯产生应变的主要因素。浸胶竹束板坯内部纤维细胞和薄壁细胞压缩不均匀会导致板坯应变的非均匀分布（邵卓平，2004；Chen et al.，2023）。

此外，我们还使用X-CT扫描技术观察了重组竹板材芯层和表层的孔隙结构特征，结果如图5.10所示。通过图像识别技术计算得到重组竹表层和芯层的平均孔隙率分别为31.86%和29.06%。相较之下，Yang等直接测量到毛竹的孔隙率在48.0%～70.0%，由此说明，经过热压处理，重组竹试样的孔隙率显著降低而密实化程度显著提高。根据重组竹表层到芯层的面孔隙率曲线图，并通过方差分析重组竹表层试样和芯层试样的面孔隙率分布规律，计算得到表层和芯层的拟合决定系数R^2分别为0.48和0.53。两者的决定系数偏低，说明重组竹表层到芯层的孔隙率分布没有明显规律。通过X-CT扫描三维重构图可以观察到，重组竹内部仍可见密集排列的维管束和薄壁细胞孔道，表明热压处理并未完全压溃竹材内部的薄壁细胞和导管细胞。这些微观细胞孔道导致蒸汽无法迅速从浸胶竹束板坯中排出，并在板坯内部形成蒸气压力（Chen et al.，2024）。从图中观察到的重组竹维管束分布显示：相较于竹材试样，重组竹试样的维管束之间更紧密。基于此，我们推测，在热压成形过程中，首先发生了对竹材基本组织周围的薄壁细胞进行压溃现象，进而使得竹材内部的维管束排列更加紧密（邵卓平等，2012）。随着外部载荷持续对竹材弱相薄壁细胞组织施加作用力，导致维管束内的导管细胞逐步被压溃，维管束中纤维细胞周围的薄壁细胞首先完成压缩密实化（黄盛霞等，2005）。

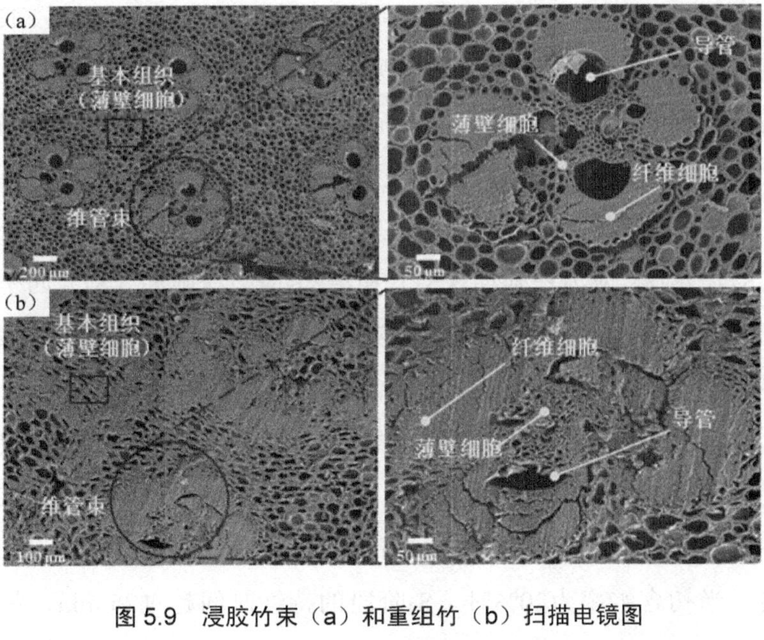

图 5.9　浸胶竹束（a）和重组竹（b）扫描电镜图

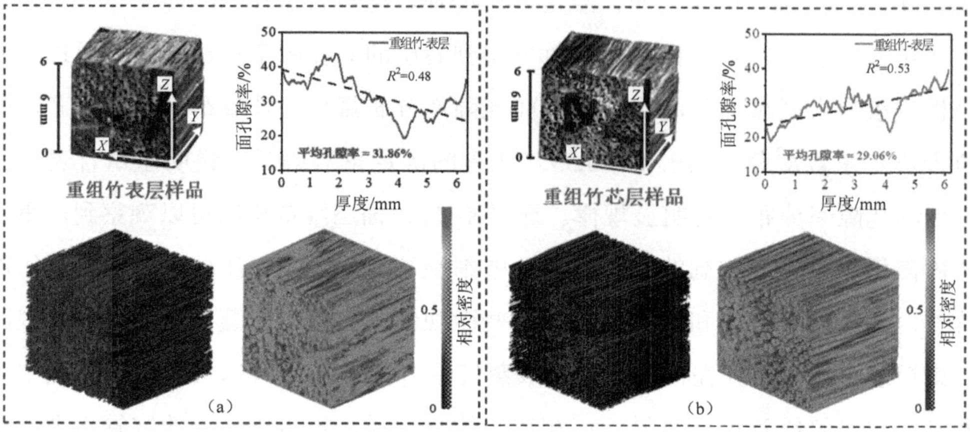

图 5.10 重组竹芯层（a）和表层（b）X 射线 CT 扫描三维重构图和厚度方向孔隙分布图

5.4 小结

本章研究了板坯初含水率、目标厚度和目标密度三个因素对浸胶竹束板坯在热压成形过程中的应力-应变的影响规律，探讨了水分对竹材热软化特性的影响，并采用扫描电子显微镜、计算机断层扫描等技术手段分析竹材横纹压缩过程中竹材内部孔隙构造的演变规律。主要结论如下：

（1）在热压过程中，浸胶竹束板坯应力变化可分为应力激增期（S_1）、应力平台期（S_2）、高温-应力松弛期（S_3）和冷却-应力松弛期（S_4）四个阶段。在 S_1 和 S_2 阶段，浸胶竹束板坯的应力与应变近乎同步响应。随后，浸胶竹束板坯应变始终保持在最大值，板坯应力在 S_3 和 S_4 阶段发生两次应力松弛。

（2）随着板坯初含水率的增加，竹材更易发生湿热软化，从而促进了浸胶竹束板坯的压缩塑性变形和应力松弛。然而，当板坯含水率超过15%后，浸胶竹束板坯内部的湿热应力明显增加，导致S_2阶段持续时间延长以及S_3阶段应力松弛变慢。当初含水率为20%时，S_2阶段的持续时间超过25 min，相较于初含水率为5%时，延长了15 min左右；同时S_3阶段的残余应力超过2.97 MPa。

（3）目标厚度越小，浸胶竹束板坯的传热路径越短，导致板坯升温速率提高，从而在板坯内部产生较大应力，S_3阶段应力松弛越慢。与35 mm目标厚度的板坯相比，20 mm目标厚度的板坯芯层温度升至150℃所需时间缩短了约30 min；然而，在S_3阶段其残余应力远高于35 mm板坯，其值约为3.45 MPa。数字散斑技术发现竹材试样横纹压缩过程中呈现出非均匀的厚度方向动态应变。此外，在高温条件下进行竹材的等速压缩会显著降低应力量级，这表明高温有利于竹材塑性变形但不影响竹材应变分布规律。

（4）随着目标密度的增加，浸胶竹束板坯在压缩变形阶段热压持续时间延长，可能导致更大的热应力产生，从而对S_3阶段板坯的应力松弛产生影响。相较于0.9 g/cm^{3}目标密度板坯，1.2 g/cm^{3}目标密度板坯在热压过程S_2阶段的时间延长近10 min，并且S_3阶段的残余应力也更高，约为2.88 MPa。扫描电镜图观察发现，浸胶竹束板坯压缩密实化过程是竹束弱相薄壁细胞的细胞壁向内塌陷甚至压溃的过程，而纤维细胞的形态结构在热压过程中没有明显变化。

参考文献

何曼君，陈维孝，董西侠，2000. 高分子物理 [M]. 上海：复旦大学出版社.

黄盛霞，马丽娜，邵卓平，等，2005. 毛竹微观构造特征与力学性质关系的研究[J]. 安徽农业大学学报，32（2）：203-206.

邵卓平，2004. 竹材在压缩大变形下的力学行为Ⅱ.微观变形特征[J]. 木材工业，18（1）：27-29.

邵卓平，王福利，吴贻军，2012. 竹材横向断裂的物理模型与能量吸收机制：纤维束的断裂与抽拔[J]. 林业科学，48（8）：118-122.

邵卓平，吴贻军，王福利，2012. 竹材横向断裂的物理模型与能量吸收机制：基本组织开裂与界面脱粘[J]. 林业科学，48（7）：108-113.

田心池，马红霞，薛勃，等，2022. 含水率对不同密度竹基纤维复合材料热压传热的影响[J]. 木材科学与技术，36（5）：50-55，77.

田心池，于文吉，马红霞，等，2023. 重组竹制备过程中温度场变化规律与预测模型[J]. 林业工程学报，8（1）：38-45.

BAO M Z，HUANG X A，JIANG M L，et al.，2017. Effect of thermo-hydro-mechanical densification on microstructure and properties of poplar wood（*Populus tomentosa*）[J]. Journal of Wood Science，63（6）：591-605.

BARAL N R，SHAH A，2017. Comparative techno-economic analysis of steam explosion，dilute sulfuric acid，ammonia fiber explosion and biological pretreatments of corn stover[J]. Bioresource Technology，232：331-343.

BEYGI M，KHORASANI S N，KAMALIAN P，et al.，2022. Mechanical and thermal expansion properties of wood-pvc/ldpe nanocomposite[J]. Fibers and Polymers，23（7）：1975-1982.

CHEN M L，SEMPLE K，HU Y A，et al.，2024. Fundamentals of bamboo scrimber hot pressing：Mat compaction and heat transfer process[J]. Construction and Building Materials，412：134843.

CHEN Q，HE Y，LAI S，et al.，2023. 3D characterization of vascular bundle in moso bamboo node and its effect on compressive properties[J]. Holzforschung，77（5）：368-377.

CHINIFORUSH A A，VALIPOUR H，AKBARNEZHAD A，2019. Water vapor diffusivity of engineered wood：Effect of temperature and moisture content[J]. Construction and Building Materials，224：1040-1055.

GAO Y F，FU Z Y，ZHOU Y D，et al.，2022. Moisture-related shrinkage behavior of wood at macroscale and cellular level[J]. Polymers，14（22）：5045.

GOLI G，BECHERINI F，DI TUCCIO M C，et al.，2019. Thermal expansion of wood at different equilibrium moisture contents[J]. Journal of Wood Science，65（1）：4.

HAO H L，TAM L，LU Y，et al.，2018. An atomistic study on the mechanical behavior of bamboo cell wall constituents[J]. Composites Part B：Engineering，151：222-231.

JEON J，MULIANA A H，LA SAPONARA V，2014. Thermal stress and deformation analyses in fiber reinforced polymer composites undergoing heat conduction and mechanical loading[J]. Composite Structures，111：31-44.

JIANG J L，LU J X，HUANG R F，et al.，2009. Effects of time and temperature on the viscoelastic properties of chinese fir wood[J]. Drying Technology，27（11）：1229-1234.

JIN F，SONG G Q，SHAO Z P，2021. Rheological parameters and characteristics of bamboo in compression perpendicular to grain under hot-pressing process[J]. Mechanics of Time-Dependent Materials，25：313-325.

KUMAR A，VLACH T，LAIBLOVA L，et al.，2016. Engineered bamboo scrimber：Influence of density on the mechanical and water absorption properties[J]. Construction and Building Materials，127：815-827.

LE Q X，TORERO J L，DAO V T N，2019. Understanding the effects of stress on the coefficient of thermal expansion[J]. International Journal of Engineering Science，141：83-94.

LIU D G，SONG J W，ANDERSON D P，et al.，2012. Bamboo fiber and its reinforced composites：Structure and properties[J]. Cellulose，19（5）：1449-1480.

LU T，GE Y L，ZHOU C F，et al.，2023. Effects of physical parameters on the temperature and vapor-pressure behavior of bamboo scrimber during hot-pressing[J]. Wood Material Science & Engineering，18（5）：1641-1649.

SHRESTHA B，BRECH Y L，GHISLAIN T，et al.，2017. A multi-technique characterisation of lignin softening and pyrolysis[J]. ACS Sustainable Chemistry & Engineering，5（8）：6940-6949.

SUFIANDI S，DARMAWAN T，DWIANTO W，2019. Mechanism of heat transfer using water in wood pores during wood densification[J]. IOP Conference Series：Earth and Environmental Science，374（1）：012013.

YU Y L，HUANG Y X，ZHANG Y H，et al.，2019. The reinforcing mechanism of mechanical properties of bamboo fiber bundle-reinforced composites[J]. Polymer Composites，40（4）：1463-1472.

ZHAN T Y，JIANG J L，LU J X，et al.，2018. Influence of hygrothermal condition on dynamic viscoelasticity of Chinese fir（*Cunninghamia lanceolata*）. Part 2：moisture desorption[J]. Holzforschung，72（7）：579-588.

ZHAO L Y，JIANG J L，LU J X，2016. Effect of thermal expansion at low temperature on mechanical properties of Birch wood[J]. Cold Regions Science and Technology，126：61-65.

第 6 章　热压参数对重组竹热压过程应力-应变的影响

6.1　引言

重组竹热压成形过程是在“湿热-化学-载荷”多维耦合物理场下，浸胶竹束板坯发生横向压缩大变形，并逐步被压缩至密实状态的过程。一方面，热量首先经过热压机上下压板传递至浸胶竹束板坯的表层，然后逐步传导至板坯芯层（Lu et al.，2023）。在这个过程中，由半纤维素和木质素构成的Matrix因为受热发生软化，从而显著提高了板坯作用下的能力。另一方面，在载荷、温度和水分共同作用下，附着在浸胶竹束宏观孔隙结构中的酚醛树脂会重新分布，并扩散到细胞腔甚至细胞壁微观孔结构中；当板坯芯层温度达到酚醛树脂固化反应理想温度时，树脂完成自身固化反应，并且可能与竹材的化学组分发生交联反应（Wu et al.，2023；汪孙国等，1994）。因此，浸胶竹束板坯热压流变成形过程涉及多重物理场与化学场反应变化，这一复杂过程对于热压后重组竹板材的物理力学性能具有至关重要的影响。

热压温度、热压时间和热压压力等是影响热压过程的重要影响因素（Lu et al.，2023；Ge et al.，2024；田心池等，2023；左迎峰等，2016）。热压温度主要影响浸胶竹束板坯中酚醛树脂胶黏剂的固化行为。随着热压温度的升高，热量由板坯表层向芯层传导效率不断提高，从而加快了树脂胶黏剂的固化速度和程度

（Wu et al.，2023）。而热压时间则是影响浸胶竹束板坯热软化程度以及酚醛树脂胶黏剂固化程度的关键因素。在合适的热压时间范围内，延长热压时间可以提升板坯湿热软化塑性，并有利于提高酚醛树脂缩反应聚程度，进而提高树脂固化率和重组竹材的胶合性能（Rao et al.，2022）。左迎峰等（2016）研究了不同热压温度和热压时间对重组竹力学性能的影响，结果显示，随着热压温度升高和热压时间延长，重组竹的胶合性能和尺寸稳定性得到显著提升。戴恁（2012）研究了不同热压温度和热压时间对重组竹物理性能的影响，结果显示，提高热压温度和延长热压时间可以增强竹纤维束的活性并逐渐使其软化。此外，在温度作用下，酚醛树脂能有效流动并均匀分布在竹纤维束之间，从而使酚醛树脂充分固化并提高重组竹的尺寸稳定性。然而，当温度超过145℃、热压时间超过1.7 min/mm后，会导致竹纤维束发生热降解，并且酚醛树脂因固化过高而变得脆化，反而导致重组竹性能的降低。综上所述，重组竹物理力学性能优劣取决于浸胶竹束板坯在热压成形过程中多相体系流变场的经时变化，与热压工艺参数密切相关。

本章以浸胶竹束板坯为研究对象，系统研究不同热压时间（45 min、50 min、55 min、60 min）和不同热压温度（140℃、150℃、160℃、170℃）条件下浸胶竹束板坯应力-应变和芯层中心温度变化规律，探讨热压过程竹材热软化和树脂固化特性对板坯流变行为的影响，阐明热压时间、热压温度对板坯应力-应变响应的影响。

6.2　材料与方法

6.2.1　试验材料

试验用毛竹（*Phyllostachys edulis*）采自湖南益阳，竹龄4～5年。将新采伐的毛竹截断成长度为400 mm的竹筒，沿纵向剖分成竹条，并去除竹青竹黄，最后疏解成竹束。其单根尺寸约为400 mm×50 mm×8 mm（长度×宽度×厚度），干燥后的含水率约为8%～10%。随后，将其置于160℃的热处理窑中热处理3 h，得到热处理竹束。

水溶性酚醛树脂购置于北京太尔化工有限公司，固含量约为50%。在试验前，使用蒸馏水将酚醛树脂稀释至浓度25%，将得到的酚醛树脂溶液样品密封冷藏备用。试验时，将热处理竹束放置于上述酚醛树脂溶液中浸渍20 min后并沥胶处理。竹束酚醛树脂浸胶量约为20%。待胶液沥干后再放置于鼓风干燥箱低温干燥至目标初含水率（10%），干燥结束后密封保存备用。竹束酚醛树脂浸胶量约为20%。

6.2.2 试验设备

试验中所用的主要仪器与设备如表6.1所示。

表 6.1 试验仪器与设备

设备名称	型号	生产厂家
万能试验热压机	BY302×2/2 150	苏州新协力集团有限公司
电热鼓风干燥箱	101-3AB	天津泰斯特仪器有限公司
无纸记录仪	R7-100	上海绎捷自动化科技有限公司
热电偶	K 型	上海金浩科技发展有限公司
差示扫描量热仪	Q20	美国 TA 公司
动态热机械分析仪	Q800	美国 TA 公司
热重分析仪	Q20	美国 TA 公司
X 射线衍射仪	D8 Advance	德国 Bruker 公司

6.2.3 试验方法

6.2.3.1 重组竹制备

试验设计采用单因素设计法，分别测量不同热压时间（45 min、50 min、

55 min、60 min）和不同热压温度（140℃、150℃、160℃、170℃）条件下浸胶竹束板坯的应力-应变经时变化。当热压时间为变量时，热压温度设定为150℃；当热压温度为变量时，热压时间设定为50 min。具体的试验方案设计见表6.2。

表 6.2　浸胶竹束板坯热压参数试验设计

编号	热压时间/min	热压温度/℃
1	45	150
2	50	
3	55	
4	60	
5	50	140
6		150
7		160
8		170

重组竹设计尺寸规格为400 mm×500 mm×30 mm（纵向×横向×厚度），目标密度为1.1 g/cm^3。根据公式（2.1）和（2.2）计算并称取所需浸胶竹束质量。采用“热进-冷出”热压工艺，热压机设置为位移控制模式且不放置厚度规，按照试验设计热压参数（表6.2）。当热压机上下压板温度达到设定热压温度时，放入浸胶竹束板坯开始热压。待热压时间结束后，保持压机压力不变并通入冷却水降温，直至板坯芯层温度降至80℃，泄压出板。

6.2.3.2　热压过程板坯应力-应变和芯层温度测量

同5.2.3.2节。

6.2.3.3　动态热机械分析

同5.2.3.3节。

6.2.3.4 差示扫描量热法分析

采用差示扫描量热仪（DSC）对浸胶竹束样品、热处理竹束以及酚醛树脂样品进行热分析。采用粉碎机将浸胶竹束和热处理竹束磨成200目细粉。随后，利用冷冻干燥机将浸胶竹束粉末、热处理竹束粉末和酚醛树脂溶液干燥至绝干状态，测试仪器使用高纯度铟对加热流量和温度进行了校正。测试参数为：温度为30～180℃，升温速率为10℃/min，测试氛围为氮气环境。在测试过程中，称取5～8 mg样品，并放入铝制坩埚中，坩埚盖进行扎孔处理，同时取一只空白铝坩埚作为空白对照组。

6.2.3.5 热重分析

采用热重分析仪（TG）对重组竹样品和浸胶竹束样品进行热重分析。采用粉碎机将浸胶竹束和重组竹磨成200目细粉。随后，采用冷冻干燥机将浸胶竹束粉末和重组竹粉末干燥至绝干状态。TG测试时，将样品首先在25℃温度条件下平衡处理，随后以10℃/min的升温速率加热至200℃，测试氛围为氮气环境。

6.2.3.6 X射线衍射分析

采用X射线衍射仪（XRD）测量不同热压温度（140℃、150℃、160℃、170℃）重组竹样品和浸胶竹束样品的相对结晶度。分别将重组竹和热处理竹束破碎成60～80目粉末后，放置在80℃鼓风干燥箱中干燥6 h后密封保存得到测试样品。采用Cu靶K_α射线作为X射线光源，波长λ为1.54 Å，操作电压为40 kV，电流为50 mA，扫描范围为10°～80°，扫描速度为10 °/min。根据Segal公式（6.1）计算相对结晶度CrI：

$$CrI = \frac{I_{002} - I_{am}}{I_{002}} \times 100\% \tag{6.1}$$

式中，CrI表示竹材相对结晶度；I_{002}表示002处衍射峰的峰强度，在22°附近；I_{am}表示约18°处峰谷的衍射强度。

6.2.3.7　化学组分分析

将竹束样品和热处理竹束样品经粉碎机加工成40～60目粉末后保存备用。采用国标法分别测量上述样品的主要化学组分（纤维素、半纤维素和木质素）含量。

综纤维素含量依据《造纸原料综纤维素含量的测定》（GB/T 2677.10—1995）进行测定；酸不溶木质素含量依据《造纸原料酸不溶木素含量的测定》（GB/T 2677.8—1994）进行测定；半纤维素含量依据《造纸原料多戊糖含量的测定》（GB/T 2677.9—1994）进行测定。纤维素含量由综纤维素含量减去半纤维素含量而得。所有测试均重复三次，取平均值。

6.3　结果与讨论

6.3.1　温度-时间对热压过程竹材动态黏弹性的影响

在浸胶竹束板坯热压过程中，竹材的黏弹特性受温度和时间耦合作用的影响，对浸胶竹束板坯热压成形过程中的应力-应变行为具有重要影响。因此，有必要对竹材自身的黏弹特性进行研究。图6.1展示了在频率1 Hz的条件下，0.6%含水率的竹薄片试样在不同恒定温度（20～180℃，以20℃为温度梯度递增，共9个水平）条件下的动态应变扫描曲线，包括应力-应变关系曲线［图6.1（a)］、储能模量E'-应变关系曲线［图6.1（b)］、损耗模量E''-应变关系曲线［图6.1（c)］和损耗因子$\tan\delta$-应变关系曲线［图6.1（d)］。从图6.1（a）的观察结果可知，在20～180℃下，应力与应变均呈现出线性关系，这表明试验施加的应变水平（0.001 9%～0.15%）处于竹材试样应力-应变曲线的线性区域内。此外，在相同的应变水平下，随着温度的升高，竹材试样的应力呈现出递减趋势；而不同温度之间的应力值差异则随着应变水平的增加而逐渐增大。如图6.1（b）所示，随着温度升高，竹材试样的储能模量E'呈现下降趋势，表明高温会导致竹材刚度减小。这可能是由于温度升高导致竹材化学组分分子热运动增强，从而引发了分子间和分子内化学键的潜在断裂，并产生了化学松弛（Huang et al.，2022）。特别是当温度达到160℃时，竹材半纤维素和木质素会发生玻璃化转变，这些无定形物质的热软化进一步降低了竹材的刚度（Jiang et al.，2009）。如图6.1（c）和图6.1（d）所示，在不同温度条件下，竹材试样损耗模量E''和损耗因子tanδ随应变增加呈相似趋势，因此主要以损耗因子tanδ为主要分析指标。当温度低于140℃时，随着竹材试样应变的增加，tanδ呈现逐渐增大的趋势。而当试样应变增加到0.15%时，tanδ基本保持在一个稳定值上不再发生明显变化。这一结果表明，在温度小于140℃时，随着温度而升高，竹材热软化程度增加导致tanδ略微上升（李霞镇等，2011）。当温度为160℃时，在0.02%的应变下观察到tanδ曲线出现一个明显峰值。此外，在160℃和180℃条件下，竹材试样的tanδ显著高于其他温度条件下的tanδ。造成tanδ显著增加的原因主要有两个方面：一是竹材化学组分发生热软化，二是竹材内部半纤维素发生水解反应而产生更多能量耗散（蒋佳荔，2009）。综上所述，推测在浸胶竹束板坯热压成形过程中，随着板坯温度逐渐升高，浸胶竹束板坯的热软化应呈现逐渐增强趋势。而板坯热软化程度的增加则代表了板坯塑性变形的能力增强（Zhan et al.，2018）。

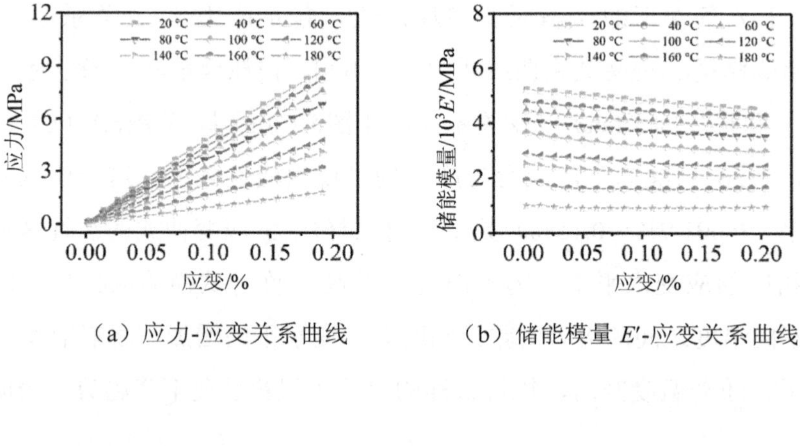

（a）应力-应变关系曲线　（b）储能模量E'-应变关系曲线

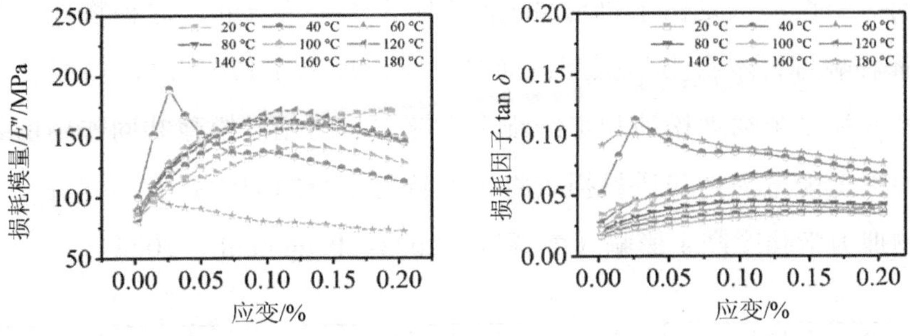

（c）损耗模量 E''-应变关系曲线　（d）损耗因子 tanδ-应变关系曲线

图 6.1　含水率为 0.6%竹材试样在不同恒定温度条件下的动态应变扫描曲线

图6.2为不同温度（140℃、150℃、160℃和170℃）条件下，含水率约为9.4%的竹薄片试样在180 min内相对储能模量RE'-时间关系曲线［图6.2（a)]、相对损耗模量RE''-时间关系曲线［图6.2（b)］和损耗因子tanδ-时间关系曲线［图6.2（c)]。相对储能模量RE'和相对损耗模量RE''分别表示达到设定温度时对应的储能模量E'和损耗模量E''的原位归一化值，即$RE' = E'/E_0'$及$RE'' = E''/E_0''$。当温度设定在140～160℃时，试样的相对储能模量RE'和相对损耗模量RE''随着加热时间的延长而略微下降，而损耗因子tanδ在加热过程的前40 min有轻微下降趋势，之后基本保持不变。然而，当温度设定在170℃时，相对储能模量RE'、相对损耗模量RE''和损耗因子tanδ均随时间延长而呈现明显下降趋势。其结果可能是，在高温条件下竹材半纤维素易发生水解反应，其程度受温度和时间的双重影响（Jiang et al.，2009)。当环境温度低于170℃时，相对储能模量RE'和相对损耗模量RE''下降主要是由Matrix基体热软化引起，而损耗因子tanδ下降可能是由于竹材化学结合水散失以及少量半纤维素水解所致（邵卓平等，2003)。然而，在温度高于170℃时，随着时间延长，半纤维素的水解反应加剧，并伴随着更多能量损耗和质量损失，导致损耗因子tanδ呈现显著下降趋势（Zhan et al.，2019)。综上所述，我们推测在热压过程中存在以下两种情况：当热压温度低于170℃时，随着板坯芯层温度逐步升至设定的热压温度，浸胶竹

束板坯的热塑性增加是由于竹材Matrix基体热软化造成的，这种物理相态变化不会显著影响竹材本身力学强度；而当热压温度高于170℃时，浸胶竹束板坯的热塑性增加是由物理松弛和半纤维素水解引起的化学松弛共同作用所致，在此过程中大量能量损耗和质量损失将降低竹材本身的力学强度，并进一步对重组竹的物理力学强度产生影响（彭辉等，2023；Peng et al.，2022）。

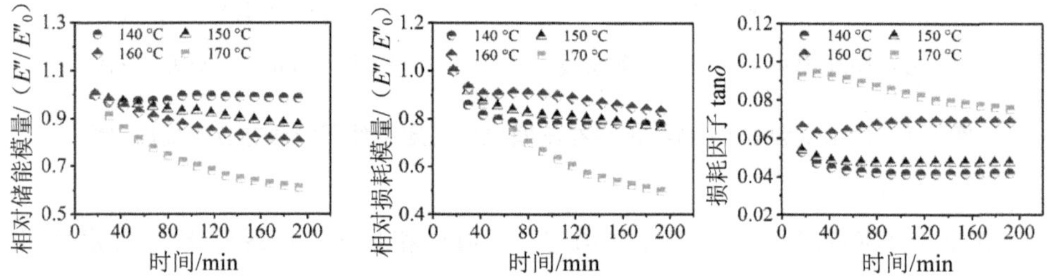

（a）相对储能模量RE'-时间关系曲线　（b）相对损耗模量RE''-时间关系曲线　（c）损耗因子$\tan\delta$-时间关系曲线

图 6.2　含水率为 9.40%竹材试样在不同恒定温度条件下的时间谱曲线

6.3.2　酚醛树脂固化特性对板坯应力-应变的影响

在浸胶竹束板坯热压成形过程中，其应力-应变响应的构成不仅需要考虑竹材本身黏弹性的影响，还需要考虑随着热量从热压板逐步传递至板坯芯层过程中，酚醛树脂发生熔融固化反应对其应力-应变的影响。如图6.3（a）所示，在30～180℃内，浸胶竹束、热处理竹束和冷冻干燥处理的酚醛树脂样品的热流曲线呈现出以下特点：随着温度升至70℃，酚醛树脂热流曲线出现阶梯式下降，并在约120℃和145℃位置观察到两个放热峰。这表明酚醛树脂在70℃发生玻璃化转变，由固态转变为高弹态，此时酚醛树脂容易在载荷条件下在竹束中重新分布（Wu et al.，2023；Zanjanijam et al.，2023）。当温度升至120℃和145℃时，酚醛树脂达到固化反应温度，此时开始发生羟甲基-苯酚缩聚反应（Chaiwan et al.，2019）。通常认为，树脂固化缩聚反应是放热的，然而，从浸胶竹束样品和热处理竹束样品DSC曲线中却观察到两者分别在105℃和120℃出现一个吸热峰。浸胶竹束热流曲线出现吸热峰的原因可能是水分蒸发吸热量大于树脂固化放热量导致的（Chow，1972）。根据图6.3（b）所示，在40～200℃升温条件下，热处理竹束和浸胶竹束的热重曲线呈现出不同的特征。前者随着温度升高，质量损失了约10.5%，在128℃该导数曲线达到峰值，表明该温度条件下热处理竹束样品质量损失速率最大。在该温度范围内，热处理竹束样品质量损失的主要原因是竹材发生脱水反应以及部分半纤维素发生水解反应（陈纪忠等，2005）。对浸胶竹束而言，随着温度升高，其质量损失约为16.7%，且分别在60℃和183℃观察到其质量导数曲线出现两个小峰。说明在较低温度范围内（50～150℃），酚醛树脂中的水分和未反应的低分子量物质开始挥发，从而引起初步的质量损失（李淑君等，2007）。而随着温度升高至150℃以上时，酚醛树脂开始发生热解反应，部分树脂分子链发生断裂，产生更多低分子量物质并挥发（Chen et al.，2013）。

为了进一步比较高温条件下浸胶竹束内部树脂固化放热和水分蒸发吸热之间的关系，我们分别计算了热处理竹束和浸胶竹束的放热焓值。通过对比发现，浸胶竹束的焓值（ΔH=77.39 J/g）小于热处理竹束的焓值（ΔH=99.21 J/g），即在高温条件下，浸胶竹束与热处理竹束相比存在着不同的吸热量。这说明浸胶竹束中的酚醛树脂酚核上的羟基可以与竹材羟基自由基进行缩聚反应，甚至与竹材化学组分形成化学交联结构（Liu et al.，2018）。综上所述，我们推测在热压过程中，浸胶竹束内的酚醛树脂会在较低温度（70℃）下首先发生玻璃化转变，进而高弹态下的树脂很容易受到外部载荷的驱动而进一步流动填充到板坯内部孔隙中，有利于热压过程中竹束与竹束之间产生更好的胶合。随着板坯温度进一步升高（120℃），高弹态的酚醛树脂开始发生固化缩聚反应，并可能与竹材化学组分形成紧密化学交联，从而锁住板坯的压缩变形而防止回弹，在宏观上表现为板坯中的应力降低（Liu et al.，2018；Li et al.，2022）。

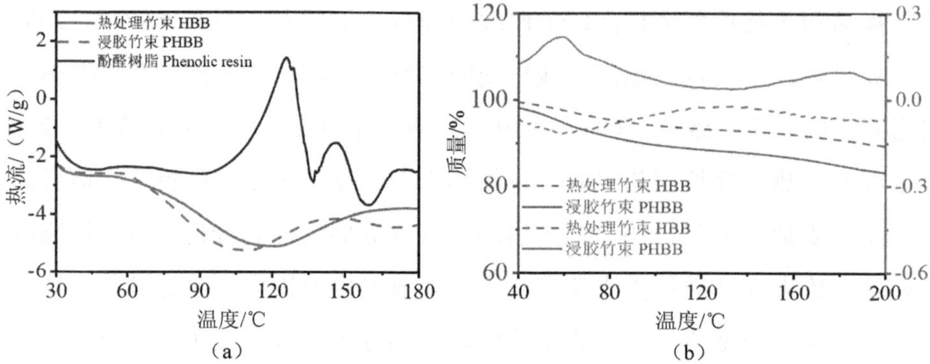

图 6.3　热处理竹束、浸胶竹束和酚醛树脂 DSC 曲线（a）热处理竹束和浸胶竹束热重曲线（b）

6.3.3　热压时间对浸胶竹束板坯应力-应变的影响

图6.4（a）展示了浸胶竹束板坯在不同热压时间条件下的应力-应变和芯层中心温度变化情况。从图中可以看出，在S_1阶段，板坯的应力和应变同时响应并迅速增加，在30 s左右应力增加到最大值，大致在8.4～8.6 MPa。随着浸胶竹束板坯被压缩至初步密实阶段（约50 mm厚度、70%左右的应变），其表现出明显的稳定性，并进入了S_2阶段。在这一阶段内，板坯中的应力保持峰值状态（8.4～8.6 MPa），且其压缩速率显著减小。随后，浸胶竹束板坯被缓慢压缩至目标厚度直到板坯应变升至最大值（88%左右）才结束该阶段。S_2阶段所需的时间约10 min左右，远超过S_1阶段。综上所述，浸胶竹束板坯的压缩密实化阶段主要由S_1和S_2构成。而S_1和S_2阶段的应力-应变响应存在差异，可能是由于板坯内部多尺度孔隙压缩难度差异引起的。在S_1阶段，浸胶竹束表面由机械辊压疏解产生的宏观孔隙在载荷作用下逐步闭合，即疏松的板坯发生压缩大变形至初步密实状态（张亚梅等，2022；吴秉岭等，2014）。同时，在该阶段浸胶竹束板坯中的部分微观孔隙（如薄壁细胞、导管细胞，以及纤维细胞的细胞壁）也可能发生轻微弹性变形（Jin K et al.，2015）。而在S_2阶段，浸胶竹束板坯内部的基本组织、维管束

内的导管，以及薄壁细胞的细胞壁逐步向内塌陷直至被压溃，从而使得板坯被逐步压缩到目标厚度（Yu et al.，2019；余养伦等，2013）。

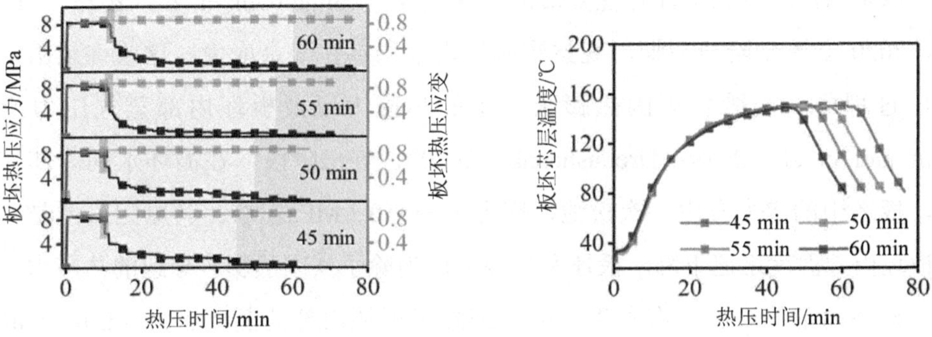

（a）　　（b）

图 6.4　不同热压时间对浸胶竹束板坯热压过程应力-应变和芯层温度变化的影响

当浸胶竹束板坯被压缩至目标厚度时，板坯中的应力呈现下降态势，开始进入S_3应力松弛阶段。S_3阶段板坯应力约下降了7.4 MPa。其原因是，在该过程中，随着热量由热压机上下压板逐步传递至板坯芯层，此时芯层温度已达80℃，在温度的作用下，竹材Matrix发生热软化，竹材热塑性增加，致使浸胶竹束板坯应力开始松弛（Jin et al.，2021；Shalbafan et al.，2022）。邵卓平（2004）曾针对竹材横向压缩变形下的微观特征变化展开了研究，发现竹材横纹方向的压缩形变主要由厚壁纤维细胞从圆形变为椭圆形所产生的弹性变形，以及薄壁细胞的细胞壁向内塌陷所产生的塑性变形构成。然而，如图6.5所示，浸胶竹束板坯热压过程的力学行为相比竹材自身的横纹压缩行为更为复杂。浸胶竹束板坯不仅需要考虑竹材压缩变形的力学行为，还需要考虑板坯中酚醛树脂熔融固化的影响（Kawalerczyk et al.，2022）。例如，随着浸胶竹束板坯温度的升高，板坯中的酚醛树脂首行发生玻璃化转变。然后，在外部压缩载荷的驱动下，高弹态树脂极易进一步填充浸胶竹束中的微纳孔隙（Yu et al.，2019）。当浸胶竹束板坯芯层温度升至140℃时，此时可认定板坯整体温度场均达到 140℃，酚醛树脂达到其缩聚反应的理想温度，酚醛树脂的酚羟基与竹材化学组分发生缩聚反应，并在板坯内部形成稳固的交联结构，从而从内部锁定板坯的压缩变形，并促进板坯应力松弛，以阻碍浸胶竹束板坯弹性变形的可恢复性（Zanjanijam et al.，2023；Liu et al.，2020）。在S_3阶段后期，观察到板坯内部仍存在残余应力。这或许是由于在热压过程中，浸胶竹束因热膨胀产生的热应力以及板坯内部蒸气压力所致（Sufiandi et al.，2019；Drebushchak，2020）。在S_4阶段，在循环水的冷却作用下，板坯中的应力发生二次松弛，应力下降至0.3 MPa左右。其原因可能是：随着板坯内部温度迅速下降，板坯发生冷缩而消除了其因热膨胀导致的热应力；同时，板坯内部的高温蒸汽发生冷凝，消除了板坯内部的蒸气压力（Liu et al.，2020；Beygi et al.，2022）。因此，尽管在S_3阶段板坯已发生应力松弛，然而板坯内部因高温高湿耦合场产生的湿热应力，使得板坯残余应力仍保持一个较大值，必须通过冷却处理以进一步释放这部分湿热应力。

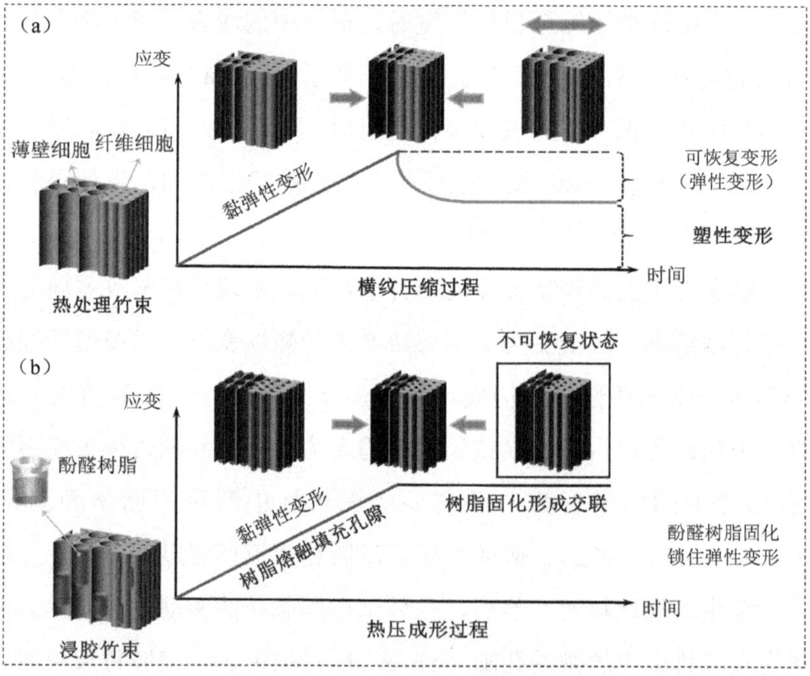

图 6.5 树脂固化作用对浸胶竹束板坯热压过程弹性变形的影响

图6.4（b）还展示了不同热压时间（45 min、50 min、55 min、60 min）对浸胶竹束板坯应力-应变和芯层中心温度变化的影响。如图所示，在不同热压时间条件下，浸胶竹束板坯在S_1和S_2阶段板坯的应力-应变曲线以及芯层中心温度变化曲线基本重合。在S_3阶段，浸胶竹束板坯开始应力松弛的时间均出现在热压过程的第10分钟。直到热压过程的第30分钟，浸胶竹束板坯应力开始呈现明显的下降趋势，随后逐渐趋向于一个稳定值。显然，随着热压时间的增加，浸胶竹束板坯中的应力并未出现进一步松弛。出现上述结果的原因可能是：在150℃热压温度条件下，竹材随热压时间延长其黏弹性较稳定，竹材半纤维素和木质素Matrix基体物质发生玻璃化转变，仅少量半纤维素发生水解，竹材热软化过程主要为物理变化，其力学性质不随热压时间的增加而发生显著变化（Jiang et al.，2009）。这也与图6.2竹材动态扫描时间谱所得的结果相符。而在S_4阶段，浸胶竹束板坯中主要由湿热应力构成的残余应力，在冷凝水的冷却作用下得到释放。

6.3.4　热压温度对浸胶竹束板坯应力-应变的影响

图6.6（a）和图6.6（b）展示了不同热压温度（140℃、150℃、160℃、170℃）对浸胶竹束板坯应力-应变和芯层中心温度变化的影响。在S_1和S_2阶段，浸胶竹束板坯应力-应变变化曲线基本重合，应力松弛起始的时间也发生在热压开始后的第10分钟。然而，不同热压温度条件下，浸胶竹束板坯芯层中心温度升温曲线存在显著差异。热压温度越高，浸胶竹束板坯芯层温度升温速率越快，170℃热压温度条件下板坯芯层温度升温速率为3.43℃/min，高于140℃热压温度条件下板坯芯层温度升温速率（2.83℃/min）。尤其在170℃热压温度条件下，浸胶竹束板坯芯层温度能一度超过设定的热压温度。其原因可能是：热压温度越高，热量从热压机压板传递至板坯的热传导速率越快，导致浸胶竹束板坯升温速率显著加快。而在高热压温度（170℃）条件下，浸胶竹束板坯内部的过热蒸汽循环可能形成“锅炉效应”，随着水分汽化产生的热量持续增

加，导致板坯芯层温度甚至能超过热压温度（田心池等，2022）。例如，170℃热压温度条件下，浸胶竹束板坯芯层温度最终可升至177℃。在S_3阶段，热压温度越高，板坯应力松弛越困难，且板坯残余应力越大。其原因可能是：一方面浸胶竹束板坯温度的升高显著加剧了板坯内部分子的热运动程度，导致板坯热膨胀程度增加，剧烈膨胀的板坯在外部载荷的约束下产生更多热应力，进而阻碍其应力松弛过程（Beygi et al.，2022）；另一方面，浸胶竹束板坯热压过程应力-应变响应随热压温度变化的原因还可能与竹束化学组分在不同温度条件下的变化有关。

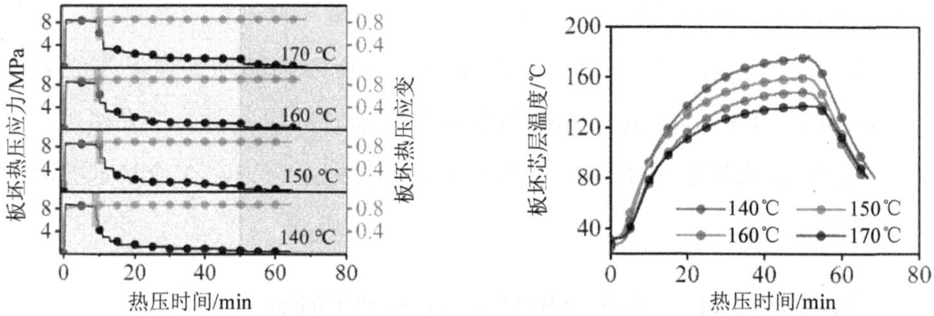

（a）（b）

图 6.6　热压温度对浸胶竹束板坯应力-应变和芯层温度变化的影响

如图6.7（a）所示，竹材经高温热处理后，其内部半纤维素和木质素含量显著减少、纤维素含量增加。半纤维素和木质素这些无定形物质的减少可能会对浸胶竹束板坯热软化的程度产生影响，进而阻碍浸胶竹束板坯热压过程中的应力松弛行为（Thoemen et al.，2006；Jin et al.，2021）。此外，由图6.7（b）可知，随着热压温度的升高，所制备得的重组竹的相对结晶度明显增加。其原因可能是在热压过程中，竹材纤维素非结晶区发生重排，导致相对结晶度增加。而竹材纤维素结晶区中的微晶结构可以在竹材Matrix间发挥物理交联的作用，进而阻碍浸胶竹束板坯热压过程中的应力松弛行为（侯伦灯等，2012；Guo et al.，2018）。也就是说，竹材相对结晶度的增加，强化了浸胶竹束板坯的应力松弛稳定性（Yang et al.，2020）。

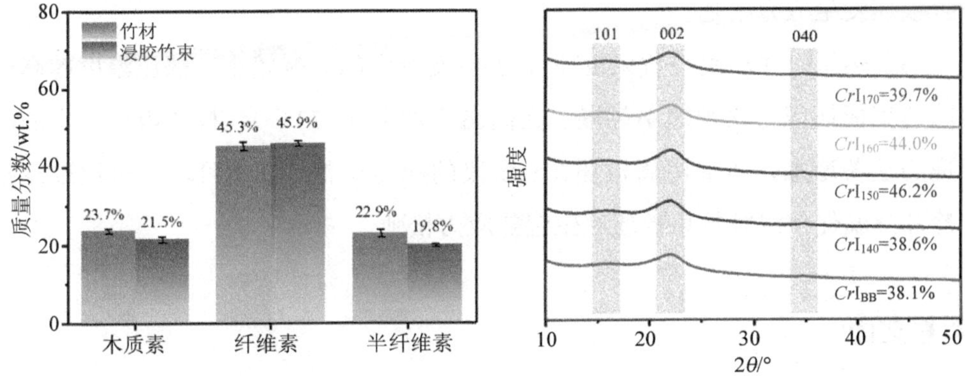

（a）竹材和浸胶竹束化学组分含量　　（b）竹束和不同热压温度重组竹 XRD 曲线

图 6.7　不同样品的化学组分含量与相对结晶度

6.4　小结

本章研究了不同热压温度和热压时间对浸胶竹束板坯热压过程应力-应变响应特性的影响，并分别探讨了温度和时间对竹材热软化特性以及酚醛树脂固化特性的影响。主要结论如下：

（1）DMA研究表明，在20～160℃，随着温度的升高，竹材储能模量减小，损耗模量和损耗因子增加。在140～160℃，竹材储能模量、损耗模量和损耗因子随时间的延长呈现出较为稳定的趋势。在160℃温度条件下，竹材的损耗模量和损耗因子显著高于其他温度下的损耗模量和损耗因子。在170℃温度条件下，竹材的储能模量和损耗模量均呈下降趋势，竹材的质量损失增加。

（2）DSC研究表明，酚醛树脂在70℃发生玻璃化转变，在120℃开始发生固化缩聚反应。在热压过程中，附着在浸胶竹束板坯宏观孔隙中的酚醛树脂在较低温度下首先发生玻璃化转变，高弹态树脂在外力载荷和板坯内部水蒸气驱动下进一步填充到板坯内部的微观孔隙中。随着板坯温度持续升高，酚醛树脂发生缩聚固化反应，以及与竹材化学组分间发生化学交联，进而锁定压缩变形，导致板坯发生应力松弛。

（3）热压时间对浸胶竹束板坯应力-应变响应的影响较小。热压温度越高，浸胶竹束板坯应力松弛速率越慢。在高温条件下（170℃），板坯内部产生的湿热应力显著增加，进而阻碍板坯在S_3阶段的应力松弛。在S_4阶段，可通过冷凝水冷却降温促使浸胶竹束板坯产生湿热应力松弛。

参考文献

陈纪忠，邓天昇，蒋斌波，2005. 竹材热解动力学的研究[J]. 林产化学与工业，25（2）：11-15.

戴恁，2012. 热压工艺对竹重组板材性能的影响[J]. 林业机械与木工设备，40（5）：32-36.

侯伦灯，张齐生，苏团，等，2012. 竹重组材微晶结构的X射线衍射分析[J]. 林业科技开发，26（2）：19-22.

蒋佳荔，2009. 木材动态黏弹性的温度、时间与频率响应机理研究[D]. 北京：中国林业科学研究院.

李淑君，陶毓博，李坚，等，2007. 用TG-DSC-FTIR联用技术研究酚醛树脂的热解行为[J]. 东北林业大学学报，35（6）：56-58.

李霞镇，任海青，王小青，2011. 毛竹材动态热机械特性分析[J]. 西南林业大学学报，31（4）：80-84.

彭辉，蒋佳荔，詹天翼，等，2023. 基于动态热机械分析仪的木材干缩湿胀响应特征研究[J]. 林业工程学报，8（2）：52-58.

邵卓平，2004. 竹材在压缩大变形下的力学行为Ⅱ.微观变形特征[J]. 木材工业，18（1）：27-29.

邵卓平，周学辉，魏涛，等，2003. 竹材在不同介质中加热处理后的强度变异[J]. 林产工业，（3）：26-29.

田心池，于文吉，马红霞，等，2023. 重组竹制备过程中温度场变化规律与预测模型[J]. 林业工程学报，8（1）：38-45.

汪孙国，华毓坤. 1994. 软化工艺条件对竹材及其重组材性能的影响[J]. 南京林业大学学报，（1）：57-62.

吴秉岭，余养伦，齐锦秋，等，2014. 竹束精细疏解与炭化处理对重组竹性能的影响[J]. 南京林业大学学报（自然科学版），38（6）：115-120.

余养伦，于文吉，2013. 高性能竹基纤维复合材料制造技术[J]. 世界竹藤通讯，11（3）：6-10.

张亚梅，祝荣先，余养伦，等，2022. 辊压树脂定向渗透工艺对竹束干燥及重组竹性能的影响[J]. 林业工程学报，7（5）：44-49.

左迎峰，吴义强，肖俊华，等，2016. 重组竹制备工艺对力学性能的影响[J]. 西南林业大学学报，36（2）：132-136.

BEYGI M，KHORASANI S N，KAMALIAN P，et al.，2022. Mechanical and thermal expansion properties of wood-PVC/LDPE nanocomposite[J]. Fibers and Polymers，23（7）：1975-1982.

CHAIWAN P，KAEWKITTINARONG A，PUMCHUSAK J，2019. Nonisothermal curing kinetics of solid resole by differential scanning calorimetry[J]. Thermochimica Acta，675：119-126.

CHEN Z Q，CHEN Y F，LIU H B，2013. Study on thermal degradation of phenolic resin[J]. Applied Mechanics and Materials，422：24-28.

CHOW S S，1972. Thermal analysis of liquid phenol-formaldehyde resin curing[J]. Holzforschung，26（6）：229-232.

DREBUSHCHAK V A，2020. Thermal expansion of solids：review on theories[J]. Journal of Thermal Analysis and Calorimetry，142（2）：1097-1113.

GE Y L，LU T，LI X G，et al.，2024. Changes in temperature and vapor-pressure behavior of bamboo scrimber in response to hot-pressing parameters[J]. Forests，15（4）：620.

GUO C Y，SUN F，LING R G，et al.，2018. Crystallization and stress relaxation behaviors of UHMWPE/CNT fibers[J]. Journal of Vinyl and Additive Technology，24（3）：229-232.

HUANG R F，FENG S H，GAO Z Q，2022. Effect of water/moisture migration in wood preheated by hot press on sandwich compression formation[J]. Holzforschung，76（11-12）：1003-1012.

JIANG J L，LU J X，HUANG R F，et al.，2009. Effects of time and temperature on the viscoelastic properties of chinese fir wood[J]. Drying Technology，27（11）：1229-1234.

JIN F，SONG G Q，SHAO Z P，2021. Rheological parameters and characteristics of bamboo in compression perpendicular to grain under hot-pressing process[J]. Mechanics of Time-Dependent Materials，25（3）：313-325.

JIN K，QIN Z，BUEHLER M J，2015. Molecular deformation mechanisms of the wood cell wall material[J]. Journal of the Mechanical Behavior of Biomedical Materials，42：198-206.

KAWALERCZYK J，DZIURKA D，MIRSKI R，2022. The effect of a phenol-formaldehyde adhesive reinforcement with nanocellulose on the pressing parameters of plywood[J]. Wood Research，5（67）：796-808.

LI Z H，ZHANG X M，SONG S S，et al.，2022. Curing characteristics of low molecular weight melamine-urea–formaldehyde （MUF） resin-impregnated poplar wood[J]. Construction and Building Materials，325：126814.

LIU C，CHENG Z J，WANG S Q，et al.，2018. Effects of nanocrystalline cellulose on the micro-creep properties of phenol formaldehyde resin[J]. Materials Research Express，5（12）：125019.

LIU C，WANG S Q，ZHANG Y，2020. Effects of cellulose nanofibrils on the cure kinetics of the phenol formaldehyde resin[J]. Materials Research Express，7（6）：065009.

LU T，GE Y L，ZHOU C F，et al.，2023. Effects of physical parameters on the temperature and vapor-pressure behavior of bamboo scrimber during hot-pressing[J]. Wood Material Science & Engineering，18（5）：1641-1649.

PENG H，JIANG J L，ZHAN T Y，et al.，2022. Flexural creep behavior of hierarchical bamboo structure using time-temperature-stress superposition principle[J]. Industrial Crops and Products，190：115906.

RAO F，ZHU X G，ZHANG Y H，et al.，2022. Water resistance and mechanical properties of bamboo scrimber composite made from different units of Bambusa chungii as a function of resin content[J]. Construction and Building Materials，335：127250.

SHALBAFAN A，THOEMEN H，2022. Influence of pressing schedule and adhesive content on the rheological behavior of wood fiber-furnish mats[J]. Materials，15（4）：1413.

SUFIANDI S，DARMAWAN T，DWIANTO W，2019. Mechanism of heat transfer using water in wood pores during wood densification[J]. IOP Conference Series：Earth and Environmental Science，374（1）：012013.

THOEMEN H，HASELEIN C R，HUMPHREY P E，2006. Modeling the physical processes relevant during hot pressing of wood-based composites. Part Ⅱ. Rheology[J]. Holz als Roh-und Werkstoff，2（64）：125-133.

WU J Y，HUANG Y X，HU J，et al.，2023. Effects of density and resin content on the rebonding performance of bamboo scrimber composite[J]. Construction and Building Materials，400：132848.

YANG X，SUN Y Y，LIAO T，et al.，2020. Strain dependent evolution of structure and stress in propylene-based elastomer during stress relaxation[J]. Polymer，201：122612.

YU Y L，HUANG Y X，ZHANG Y H，et al.，2019. The reinforcing mechanism of mechanical properties of bamboo fiber bundle–reinforced composites[J]. Polymer Composites，40（4）：1463-1472.

ZANJANIJAM A R，WANG X Y，RAMEZANI M，et al.，2023. Phenolic resin coal char composites：curing kinetics and thermal mechanical performance[J]. Polymer，281：126103.

ZHAN T Y，JIANG J L，LU J X，et al.，2018. Influence of hygrothermal condition on dynamic viscoelasticity of Chinese fir（*Cunninghamia lanceolata*）. Part 2：moisture desorption[J]. Holzforschung，72（7）：579-588.

ZHAN T Y ，JIANG J L，LU J X，et al.，2019. Temperature-humidity-time equivalence and relaxation in dynamic viscoelastic response of Chinese fir wood[J]. Construction and Building Materials，227：116637.

第 7 章　重组竹热压过程板坯应力松弛本构方程构建与验证

7.1　引言

如上一章所述，重组竹热压成形过程中，浸胶竹束板坯的压缩应力-应变变化规律可分为四个阶段。其中，高温保压应力松弛段（S_3阶段）是对重组竹生产能耗和产品性能产生影响最为重要的阶段。在该阶段，浸胶竹束板坯芯层温度已基本达到胶黏剂固化温度，此时板坯整体温度场可认为已达到稳定状态。同时，浸胶竹束板坯已被压缩至目标尺寸规格，板坯应力应变在达到最大值后开始出现应力松弛。应力松弛主要是两方面的原因所致：其一，在高温与高载荷压力作用下，竹材内部的无定形物质出现热软化，部分半纤维素发生热降解，从而提高了板坯的热塑性（Nielsen et al.，2019）。其二，当板坯整体温度达到热压温度后，即板坯整体达到酚醛树脂固化反应所需的理想温度时，板坯中的酚醛树脂与竹材化学组分间的化学缩聚反应更加充分，有助于锁住可回复的弹性变形（Wei et al.，2019）。在该阶段，板坯应力松弛过程对重组竹的物理力学性能具有重要影响，如果板坯应力松弛不充分，过多的残余应力可能会影响重组竹的胶合性能和尺寸稳定性（Nakano，2022）。因此，通过构建模型进一步解释热压成形过程中热压参数和物性参数对浸胶竹束板坯应力松弛行为的影响规律，能够为重组竹热压成形工艺的技术改进以及保证重组竹产品性能提供科学依据。

广义麦克斯韦尔模型是一种常用的描述生物质材料黏弹性行为的力学本构模型（郭文斌等，2021）。三元件广义麦克斯韦尔模型是广义麦克斯韦尔模型的最简化形式，其由两个弹簧与一个阻尼器共三个元件构成（Nielsen et al.，2019）。弹簧表示材料的弹性组分和发生的弹性变形，即材料在受到外力作用时，能够存储能量并且在外力移除之后恢复原状的能力；而阻尼器代表着材料的黏性组分以及所发生的黏性形变，即材料在受到外力作用时，由于材料内部分子或结构的运动所引发的能量耗散情形。通过对弹簧和阻尼器的刚度以及阻尼系数进行调整，能够实现对材料黏弹性行为的有效控制。五元件广义麦克斯韦尔模型则更为复杂，其涵盖了五个元件，即两个弹簧-阻尼器的元件和一个弹簧元件并联（Wei et al.，2019）。这样的组合能够更为精准地描绘材料的长期响应及时域行为。通过增加广义麦克斯韦尔模型中的元件数量，能够使该模型更有效地捕捉材料的黏弹性特性，包括快速应变下的瞬态响应以及长时间变形下的渐变行为。然而，具体选用何种模型，应当依据具体的研究目的以及材料特性进行评估与决策。

本章以浸胶竹束板坯为研究对象，在前述两章试验结果的基础上，分别利用三元件广义麦克斯韦尔模型和五元件广义麦克斯韦尔模型对浸胶竹束板坯热压成形S_3阶段的应力松弛曲线进行分析比较，建立浸胶竹束板坯热压成形过程最优应力松弛模型，以期为重组竹热压过程的流变特性研究提供科学依据。

7.2　应力松弛本构模型选择

构建热压成形过程浸胶竹束板坯应力松弛流变模型时，需将试验获得的曲线与已知的黏弹性模型予以比较，探寻较为合适的模型方程，进而求解模型参数（Nielsen et al.，2019）。通过预试验与数据分析，根据生物质压缩应力松弛特性和广义麦克斯韦尔模型的特点，选取常用的三元件麦克斯韦尔模型和五元件麦克斯韦尔模型进行分析，模型结构图如图7.1所示。

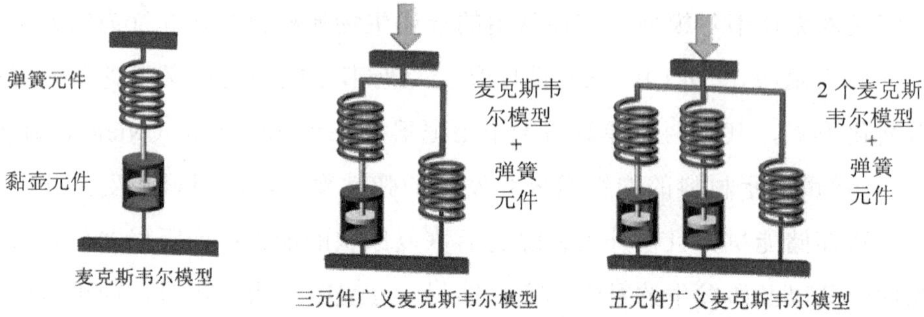

图 7.1 两种广义麦克斯韦尔模型结构图

三元件广义麦克斯韦尔模型主要由1个麦克斯韦尔模型和1个弹性元件组成，其模型应力松弛方程为

$$\sigma(t)=\varepsilon_0(E_1 e^{-t/T_s})+E_e \tag{7.1}$$

式中，$\sigma(t)$ 表示时间在t时刻的应力；ε_0表示初始应变；E_1和E_e分别表示麦克斯韦尔模型中弹簧和并联弹簧的弹性模量；T表示时间；T_s表示麦克斯韦尔模型的应力松弛时间（$T_s=\eta_1/E_1$）；而η_1表示阻尼器的黏性系数。

五元件广义麦克斯韦尔模型主要由1个弹性元件和2个麦克斯韦尔模型并联组成，其模型应力松弛方程为

$$\sigma(t)=\varepsilon_0(E_1 e^{-t/T_1}-E_2 e^{-t/T_2}+E_e) \tag{7.2}$$

式中，E_1、E_2和E_e分别表示麦克斯韦尔模型中2个弹簧和并联弹簧的弹性模量；T_1和T_2分别为麦克斯韦尔模型的应力松弛时间（$T_1=\eta_1/E_1$，$T_2=\eta_2/E_2$）；η_1和η_2分别为2个阻尼器的黏性系数。

为方便origin软件运算，需要将三元件广义麦克斯韦尔模型和五元件广义麦克斯韦尔模型进行简化。其中，三元件广义麦克斯韦尔模型简化为

$$\sigma(t)=A\times e^{-t/T}s+Y \tag{7.3}$$

式中，A表示麦克斯韦尔模型所承受的初始应力；T表示麦克斯韦尔模型中黏壶的黏滞系数与弹簧弹性模量的比值，即η/E；Y表示应力松弛过程中的平衡应力，也就是与麦克斯韦尔模型并联的弹簧元件所承受的应力。

五元件广义麦克斯韦尔模型简化为

$$\sigma(t) = A_1 \times e^{-t/T_1} + A_2 \times e^{-t/T_2} + Y \tag{7.4}$$

式中，A_1和A_2表示各个麦克斯韦尔模型在应力松弛过程中的起始应力；T_1和T_2表示各麦克斯韦尔模型中黏壶的黏滞系数与弹簧弹性模量的比值。

7.3 参数验证与分析

根据公式（7.3）和公式（7.4），本试验采用origin软件分别对不同热压时间（45～60 min）、热压温度（140～170℃）、板坯初含水率（5%～20%）、目标厚度（20～35 mm）和目标密度（0.9～1.2 g/cm^3）等条件下浸胶竹束板坯的应力松弛曲线进行拟合，并构建其本构模型，最终以决定系数R^2来评判模型拟合精度的高低。五元件广义麦克斯韦尔模型和三元件广义麦克斯韦尔模型参数的拟合结果如表7.1所示。从拟合结果可知，采用五元件广义麦克斯韦尔模型对浸胶竹束板坯应力松弛曲线进行拟合时，其决定系数均值为0.98，而三元件广义麦克斯韦尔模型拟合曲线决定系数均值为0.95。由此说明，采用五元件和三元件的广义麦克斯韦尔模型来表征浸胶竹束板坯的应力松弛特性均具有较高的拟合精度，且前者的拟合精度更高。然而，我们也需要注意模型的适用范围和局限性。本试验所得到的拟合结果是基于特定的热压参数和物性参数条件下的数据。在实际应用中，倘若这些条件发生变化，模型的预测能力可能会受到影响。

表 7.1 不同热压参数和物性参数条件下浸胶竹束板坯三元件广义麦克斯韦尔模型和五元件广义麦克斯韦尔模型的参数

编号	三元件广义麦克斯韦尔模型				五元件广义麦克斯韦尔模型					
	Y	A	T	R^2	Y	A_1	T_1	A_2	T_2	R^2
（CK）	0.947	7.158	173.99	0.961 8	0.397	5.187	77.152	2.778	756.295	0.999 5
140℃	0.987	7.188	178.614	0.986 4	0.841	3.716	69.576	3.77	359	0.997 2

编号	三元件广义麦克斯韦尔模型				五元件广义麦克斯韦尔模型					
	Y	A	T	R^2	Y	A_1	T_1	A_2	T_2	R^2
160℃	1.233	6.72	236.865	0.972 4	1.099	2.729	57.678	4.432	375.094	0.987 3
170℃	1.792	6.014	137.526	0.911 7	1.626	3.245	0.907	3.022	360.182	0.974 5
45 min	1.64	6.024	179.829	0.927 8	1.309	3.192	0.943	3.578	460.322	0.984 3
55 min	0.756	7.405	128.739	0.978 9	0.464	6.061	77.784	1.727	715.187	0.998 7
60 min	1.211	6.731	222.306	0.965 9	0.587	4.511	126.183	2.159 12	1 339.566	0.992 5
5%	1.067	6.737	168.294	0.962 5	0.578	4.495	70.277	2.938	655.745	0.990 5
15%	3.607	4.183	244.834	0.885 4	3.583	2.698	410.924	1.818	2.614	0.882 5
20%	3.198	4.479	301.616	0.910 2	3.021	1.973	57.264	3.095	520.081	0.931 3
20 mm	3.616	4.848	125.896	0.989 1	3.563	1.923	1.061	3.019	201.951	0.995 0
25 mm	2.672	5.419	178.075	0.962 6	2.567	2.17	0.451	3.525	307.628	0.979 3
35 mm	0.681	7.498	129.06	0.967 3	0.059	6.049	71.345	2.183	935.508	0.998 8
0.9 g/cm³	0.796	7.333	111.881	0.983 9	0.746	3.769	4.16	3.668	237.054	0.993 0
1.0 g/cm³	1.239	6.934	151.21	0.951 7	0.984	4.036	1.624	3.366	465.208	0.996 5
1.2 g/cm³	2.962	4.47	375.626	0.885 7	2.013	2.486	74.417	3.526	116.792	0.925 6
平均值				0.95						0.98

7.3.1 不同物性参数板坯应力松弛本构模型的验证与分析

图7.2展示了不同初含水率（5%、15%、20%）、不同目标厚度（20 mm、25 mm、35 mm）和目标密度（0.9 g/cm³、1.0 g/cm³、1.2 g/cm³）条件下，浸胶竹束板坯热压过程中S_3阶段的应力松弛实测曲线和模型拟合曲线的对比情况。表7.2为通过本构模型计算得到的不同物性参数条件下，浸胶竹束板坯的应力松弛流变参数。如图7.2（b）所示，含水率为15%和20%的浸胶竹束板坯模型拟合得到的应力松弛曲线与实测曲线间的拟合度较低，五元件广义麦克斯韦尔模型拟合决定系数R^2分别为0.88和0.93。其原因可能是：浸胶竹束板坯在压缩至目标厚度后，其内部微观孔隙并未完全压实，而高含水率板坯内部更易产生湿热

蒸汽，而无法迅速逸出的蒸汽在板坯内部的微观孔道中聚集时，可形成较高的蒸气压力和湿热应力（Lu et al.，2023）。当板坯内部湿热应力过大时，所测得的应力松弛过程将不会完全符合生物质黏弹性物料的应力松弛规律。因此，五元件广义麦克斯韦尔模型难以确切、完整地描述高含水率条件下浸胶竹束板坯的应力松弛特性。

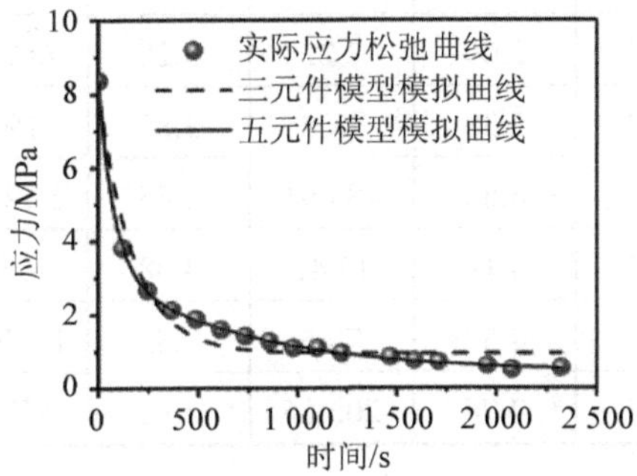

（a）对照组（150℃，50 min，10%，30 mm，1.1 g/cm³）

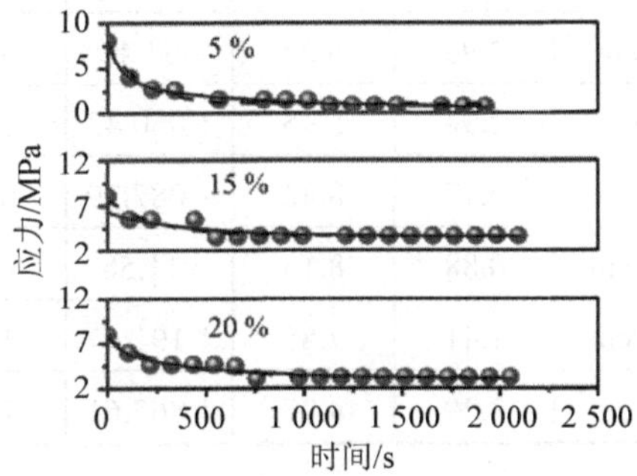

（b）不同板坯初含水率（5%、15%、20%）

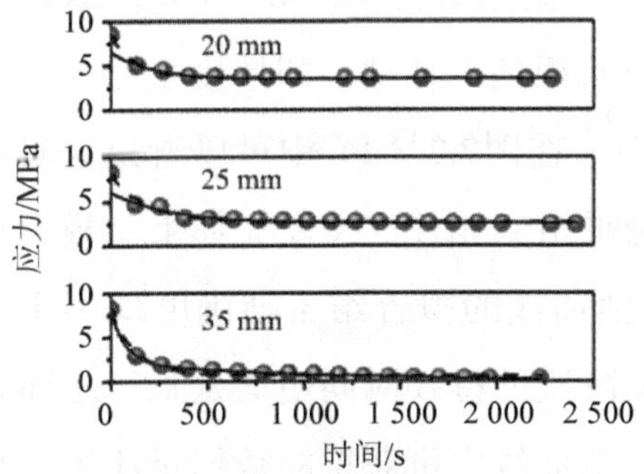

（c）不同目标厚度（20 mm、25 mm、35 mm）

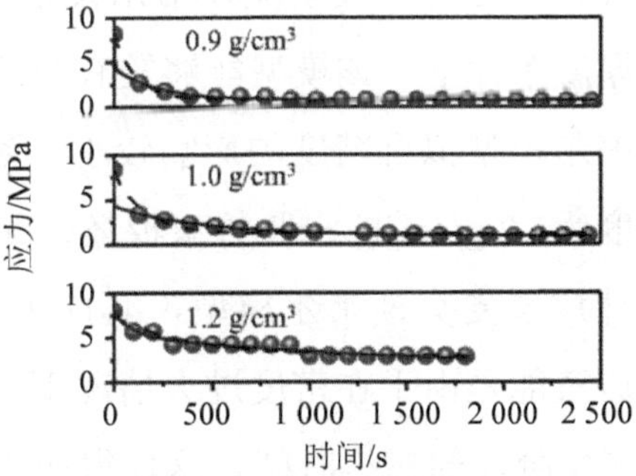

（d）不同目标密度（0.9 g/cm³、1.0 g/cm³、1.2 g/cm³）

图 7.2　浸胶竹束板坯在不同热压参数条件下 S_3 阶段的应力松弛实测曲线和模型曲线

表 7.2　不同物性参数浸胶竹束板坯的应力松弛模型参数

编号	三元件广义麦克斯韦尔模型			五元件广义麦克斯韦尔模型				
	E_e/MPa	E_1/MPa	η_1/MPa	E_e/MPa	E_1/MPa	η_1/MPa	E_1/MPa	η_2/MPa
（CK）	1.10	8.32	1 448.16	0.46	6.03	465.33	3.23	2 443.01
5%	1.20	7.57	1 273.93	0.65	5.05	354.94	3.30	2 164.70
15%	4.05	4.70	1 150.72	4.03	3.03	1 245.70	2.04	5.34
20%	3.59	5.03	1 517.91	3.39	2.22	126.95	3.48	1 808.60
20 mm	3.93	5.27	663.42	3.87	2.09	2.22	3.28	662.71
25 mm	2.94	5.95	1 060.43	2.82	2.38	1.08	3.87	1 191.64
35 mm	0.77	8.42	1 087.29	0.07	6.80	484.91	2.45	2 294.62
0.9 g/cm^3	0.88	8.15	911.58	0.83	4.19	17.42	4.08	966.13
1.0 g/cm^3	1.41	7.88	1 191.47	1.12	4.59	7.45	3.83	1 779.42
1.2 g/cm^3	3.29	4.97	1 865.61	2.24	2.76	205.56	3.92	457.57

如图7.2（c）所示，不同目标厚度浸胶竹束板坯应力松弛的拟合结果均较为良好，五元件广义麦克斯韦尔模型拟合决定系数处于0.98～0.99。这表明在不同厚度条件下，该模型能够较有效地反映板坯的特性，即厚度变化对广义麦克斯韦尔模型拟合精度的影响较小。然而，在图7.2（d）中可以看出，对于目标密度为1.2 g/cm^{3}的浸胶竹束板坯，无论采用三元件广义麦克斯韦尔模型还是五元件广义麦克斯韦尔模型，其应力松弛曲线的拟合结果准确度均不十分理想。这可能是由于在密度过大情况下，S_2阶段的持续时间明显延长，进而显著缩短了S_3阶段的持续时间，这使得应力松弛曲线中可获得的数据量相比其他密度情况下随之减少，影响了模型拟合的准确性。此外，浸胶竹束板坯在热压过程中的应力测量并非由应力传感片直接进行，而是通过热压机油缸对浸胶竹束板坯施加的作用力计算获得。当热压机突然卸压时，所测量的板坯应力松弛曲线会呈现阶梯型下降趋势，这与实际浸胶竹束板坯应力松弛曲线的指数型下降趋势可能存在差异。因此，数学模型的拟合结果可能会受此现象影响，致使准

确性有所降低。

综上所述，通过对不同初含水率、目标厚度和目标密度条件下浸胶竹束板坯的应力松弛曲线进行实测与模型拟合的对比，可以看出模型在多数情况下能较好地反映浸胶竹束板坯热压过程中的实际应力松弛特性。然而在某些特定条件下，例如高初始含水率（15%和20%）和高密度（1.2 g/cm^3）条件下，模型的拟合效果并不理想。这些结果为进一步优化浸胶竹束板坯的应力松弛模型提供了重要参考，也为实际生产中如何调整工艺参数以提升产品性能提供了科学依据。未来的研究可着重探讨在这些特定条件下优化模型的方法，或者探索更适宜的数学模型，以提升拟合精度，进而更精准地预测浸胶竹束板坯的应力松弛行为。

7.3.2　不同热压参数板坯应力松弛本构模型的验证与分析

图7.3展示了不同热压温度（140℃、160℃、170℃）和不同热压时间（45 min、55 min、60 min）条件下，浸胶竹束板坯应力松弛实测曲线和模型拟合曲线的对照情况。表7.3所列为根据本构模型计算得出的在不同热压参数条件下浸胶竹束板坯应力松弛的相关流变参数。如图7.3（a）所示，以150℃热压温度条件下进行50 min热压的板坯为对照组，观察到板坯应力松弛实测曲线呈现两个阶段的指数型下降。其中，第一阶段的指数型下降发生在0～200 s，第二阶段的指数型下降发生在200～1 200 s。三元件广义麦克斯韦模型的E_e、E_1和η_1分别为1.10 MPa、8.32 MPa和1 448.16 MPa，而五元件广义麦克斯韦模型计算得到并联弹簧的弹性模量和两个黏壶的黏性系数均显著减小，E_e、E_1、η_1和E_2分别为0.46 MPa、6.03 MPa、465.33 MPa和3.23 MPa，应力松弛时间显著增加，约为660 s。相比较而言，涵盖两个应力松弛时间的五元件广义麦克斯韦模型拟合曲线与实测浸胶竹束板坯应力松弛曲线的重合程度更高。

如图7.3（b）所示，在140～160℃热压温度条件下，模型拟合曲线与实测曲线的数据重合度高，且五元件广义麦克斯韦模型拟合决定系数R^2均能达到

0.99，显著高于三元件广义麦克斯韦尔模型的拟合决定系数。然而，在170℃热压温度下，两种模型的拟合准确性均有所降低。其中，三元件广义麦克斯韦尔模型拟合决定系数R^2为0.91，五元件广义麦克斯韦尔模型拟合决定系数R^2为0.97。这可能是由于过高的热压温度会提升浸胶竹束板坯的整体温度场，导致浸胶竹束板坯在高温条件下发生热膨胀，从而形成更大的湿热应力，进而降低了广义三元件麦克斯韦尔模型和广义五元件麦克斯韦尔模型的拟合精度（Ge et al.，2024）。

如图7.3（c）所示，延长热压时间对浸胶竹束板坯应力松弛曲线趋势影响甚微，在约2 000 s时板坯应力松弛已趋于稳定值。且随着时间延长，板坯应力未出现明显的再次下降态势。相较之下，五元件广义麦克斯韦尔模型的拟合效果显著优于三元件广义麦克斯韦尔模型。其原因可能是：随着整体热压时间的缩短，导致板坯的应力松弛时间相应减少。应力松弛时间决定可获取的应力松弛数据量，数据量的减少会增加模型的拟合难度（Nakano，2022）。综上所述，五元件广义麦克斯韦尔模型在拟合浸胶竹束板坯应力松弛特性方面表现出更高的精确度，尤其是在140～160℃的热压温度内，热压过程能够更准确地反映板坯的应力松弛行为，而过高的热压温度会对模型拟合度产生不利影响。

表 7.3　不同热压参数浸胶竹束板坯的应力松弛模型参数

编号	三元件广义麦克斯韦尔模型			五元件广义麦克斯韦尔模型				
	E_e/MPa	E_1/MPa	η_1/MPa	E_e/MPa	E_1/MPa	η_1/MPa	E_2/MPa	η_2/MPa
（CK）	1.10	8.32	1 448.16	0.46	6.03	465.33	3.23	2 443.01
140℃	1.15	8.36	1 492.88	0.98	4.32	300.63	4.38	1 573.76
160℃	1.39	7.55	1 788.46	1.23	3.07	176.86	4.98	1 867.88
170℃	2.11	7.08	973.04	1.91	3.82	3.46	3.56	1 280.55
45 min	1.84	6.77	1 217.18	1.47	3.59	3.38	4.02	1 850.60
55 min	0.85	8.32	1 071.14	0.52	6.81	529.72	1.94	1 387.78
60 min	1.41	8.36	1 739.93	0.68	5.25	661.87	2.51	3 363.12

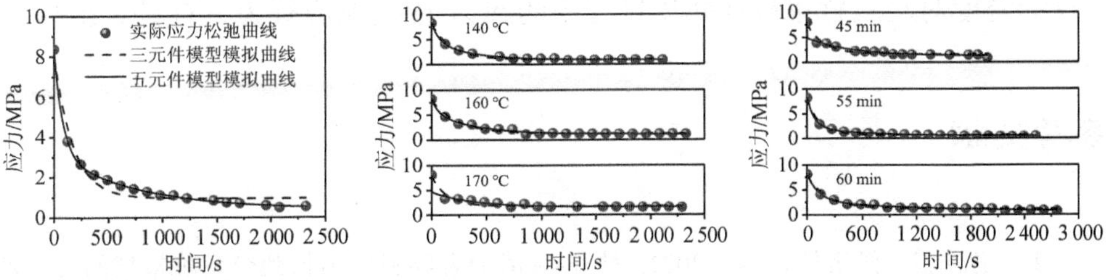

（a）对照组（150℃，50 min，10%，30 mm，1.1 g/cm^3）　（b）不同热压温度（140℃、160℃、170℃）　（c）不同热压时间（45 min、55 min、60 min）

图 7.3　浸胶竹束板坯在不同热压参数条件下 S_3 阶段的应力松弛实测曲线和模型曲线

7.4　小结

基于浸胶竹束板坯在热压成形过程中的应力松弛曲线，分别采用三元件广义麦克斯韦尔模型和五元件广义麦克斯韦尔模型验证其在热压过程中的应力松弛行为，并确定了相关流变参数。主要结论如下：

（1）相对于单个麦克斯韦尔模型并联1个弹簧元件的三元件广义麦克斯韦尔模型（平均决定系数R^2=0.95），由 2 个并联的麦克斯韦尔模型再与1个弹簧元件并联而成的五元件广义麦克斯韦尔模型（平均决定系数R^2=0.98）能够更精准地阐释热压过程中浸胶竹束板坯S_3阶段应力松弛的变化规律。

（2）对比不同热压温度和不同热压时间浸胶竹束板坯应力松弛实测曲线与两种模型拟合曲线发现：在170℃热压温度条件下，竹束板坯内部更易形成湿热应力，以及较短的热压时间（45 min）内应力松弛的试验测试数据量比较少，从而导致广义麦克斯韦尔模型的拟合结果不太理想。

（3）在不同目标厚度条件下，浸胶竹束板坯S_3阶段应力松弛的拟合结果均较好。在15%与20%含水率条件及1.2 g/cm^{3}目标密度条件下，两种广义麦克斯韦尔模型对浸胶竹束板坯应力松弛行为拟合决定系数均低于0.9，表明高含水率和目标密度对浸胶竹束板坯热压过程中的应力-应变响应行为具有显著影响。

参考文献

郭文斌，王志鹏，候智博，等，2021. 秸秆-薯渣混合物料应力松弛分数阶模型的建立及参数分析[J]. 农业工程学报，37（13）：284-290.

GE Y L，LU T，LI X G，et al.，2024. Changes in temperature and vapor-pressure behavior of bamboo scrimber in response to hot-pressing parameters[J]. Forests，15（4）：620.

LU T，GE Y L，ZHOU C F，et al.，2023. Effects of physical parameters on the temperature and vapor-pressure behavior of bamboo scrimber during hot-pressing[J]. Wood Material Science & Engineering：1641-1649.

NAKANO T.，2022. Accelerated relaxation behavior during water desorption in the mechano-sorptive creep of wood：modeling and analysis based on the free volume concept and Kohlausch-Williams-Watts function[J]. Holzforschung，76（9）：799-812.

NIELSEN S K，REZAEI H，MANDØ M，et al.，2019. Constitutive modelling of compression and stress relaxation in pine pellets[J]. Biomass and Bioenergy，130：105370.

WEI K，LIANG D，MEI M，et al.，2019. A viscoelastic model of compression and relaxation behaviors in preforming process for carbon fiber fabrics with binder[J]. Composites Part B：Engineering，158：1-9.

附　图

附图 1　制造工序

（a）重组竹制备工艺流程；（b）和（c）竹材解剖构造和化学组分

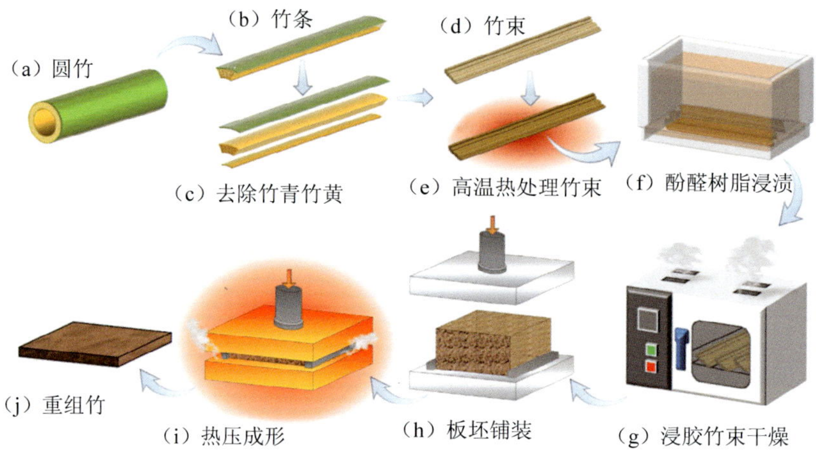

附图 2　重组竹制备流程

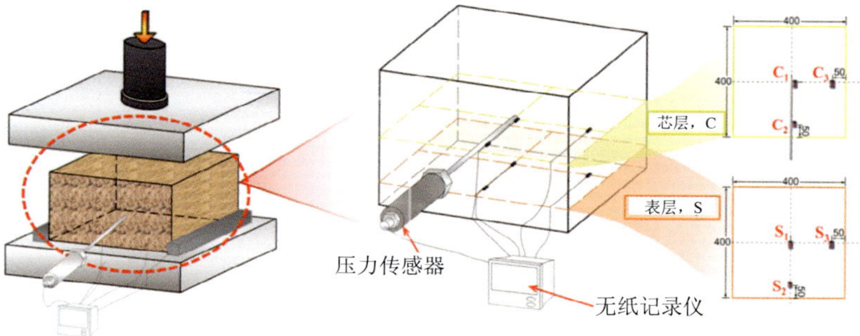

附图 3　热电偶与压力传感器布置示意图

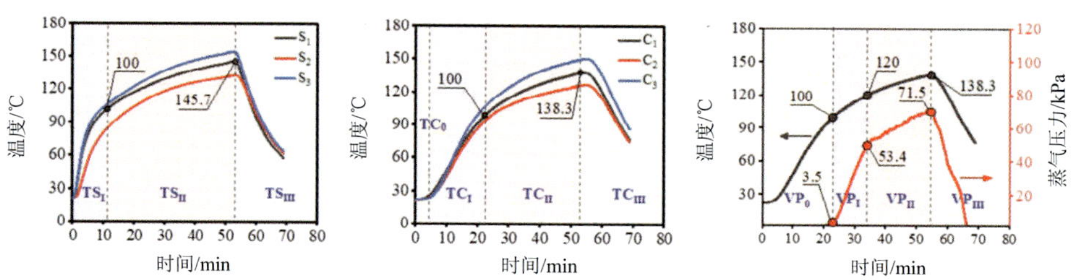

（a）表层温度曲线　（b）芯层温度曲线　（c）芯层温度与蒸气压力曲线

附图 4　浸胶竹束板坯热压过程中表层、芯层温度与蒸气压力变化曲线

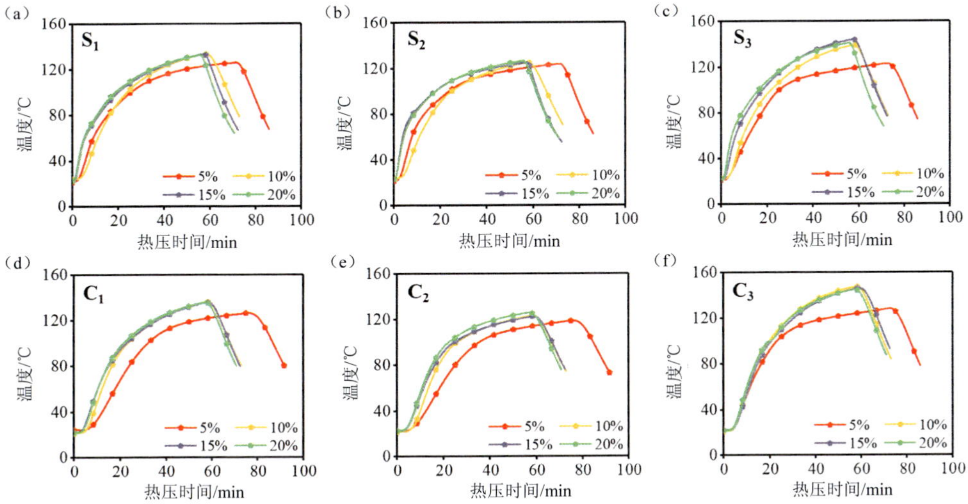

附图 5　初含水率对浸胶竹束板坯表层、芯层热压过程温度变化的影响

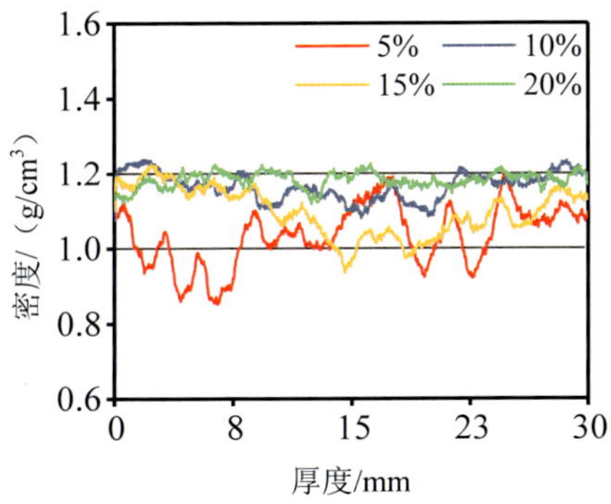

附图 6　板坯初含水率对重组竹剖面密度分布的影响

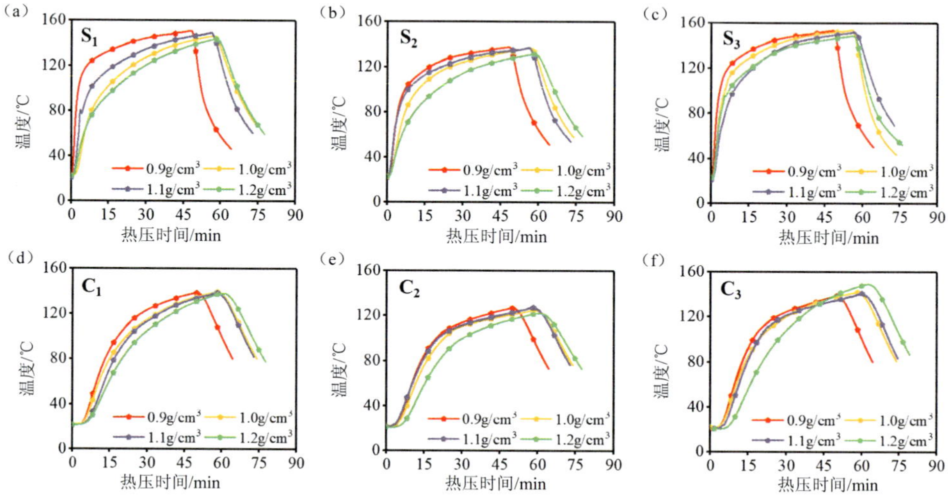

附图 7 不同目标密度重组竹热压过程表层、芯层温度变化

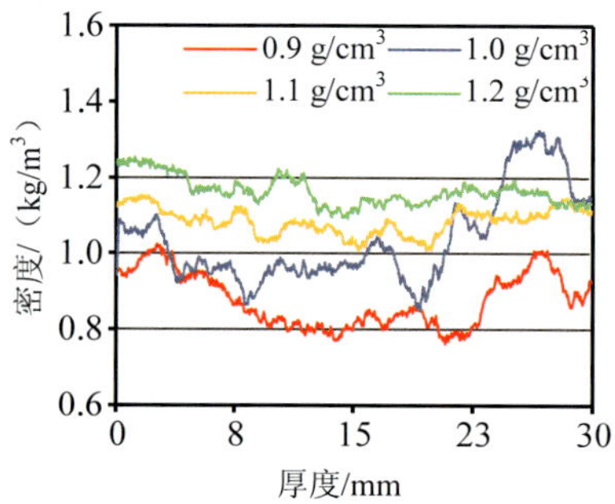

附图 8 目标密度对重组竹剖面密度分布的影响

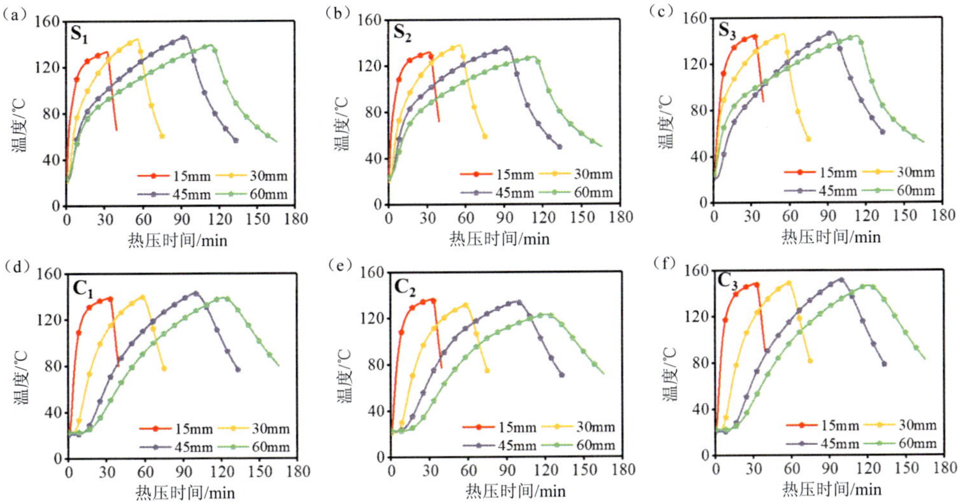

附图 9　不同目标厚度重组竹热压过程表层、芯层温度变化

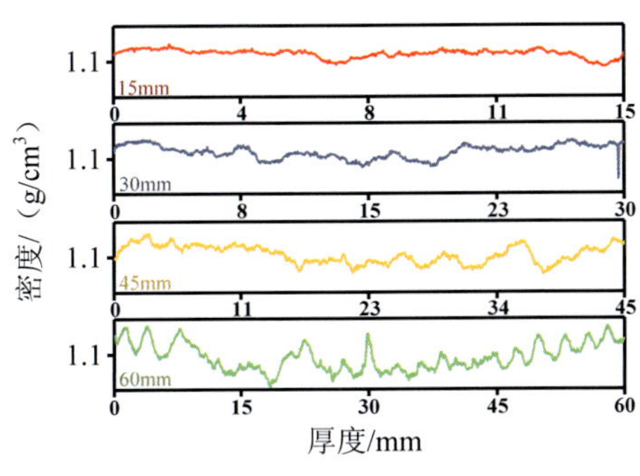

附图 10　目标厚度对重组竹剖面密度分布的影响

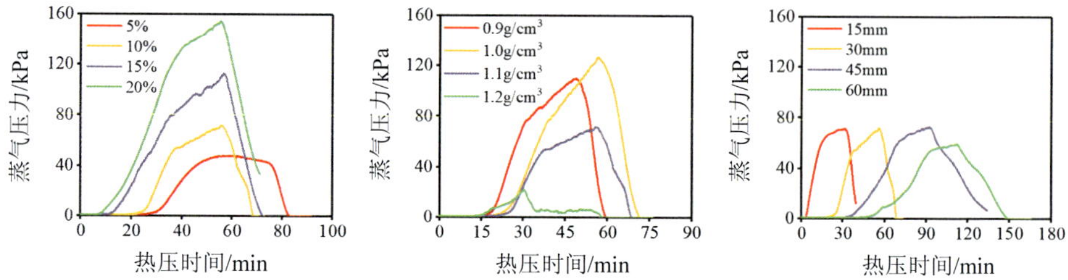

（a）初含水率　（b）目标密度　（c）目标厚度

附图 11　物性参数对浸胶竹束板坯热压过程蒸气压力的影响

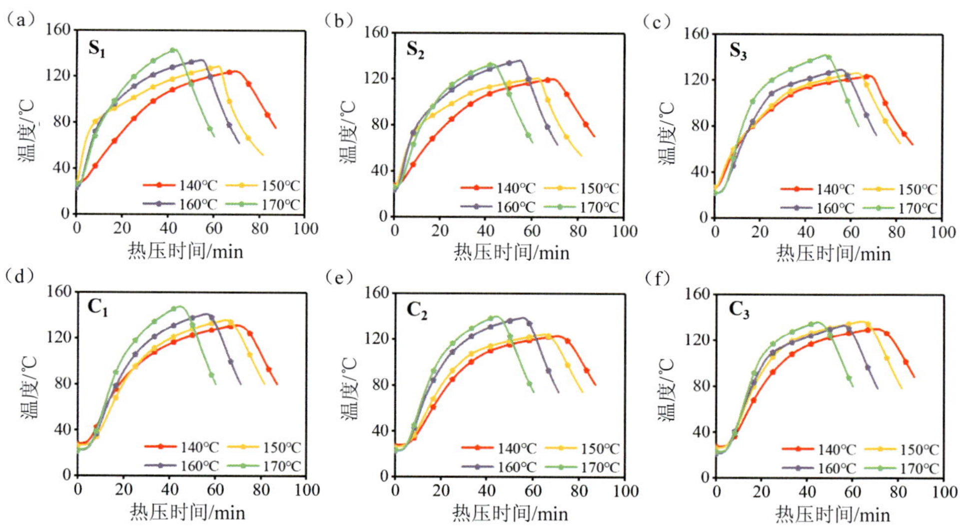

附图 12　热压温度对浸胶竹束板坯热压过程表层、芯层温度变化的影响

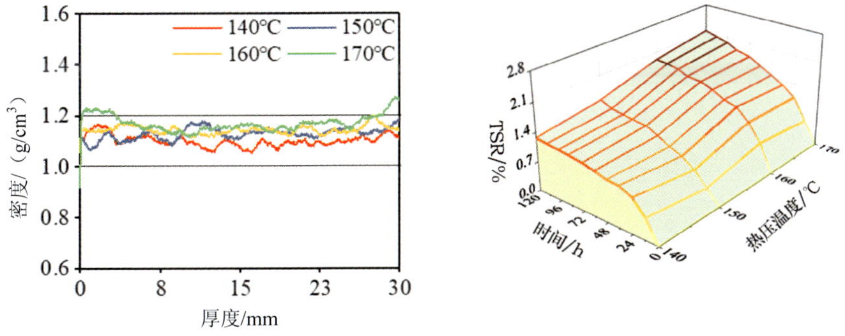

（a）剖面密度分布　　（b）吸水厚度膨胀率

附图 13　热压温度对重组竹剖面密度分布与吸水厚度膨胀率的影响

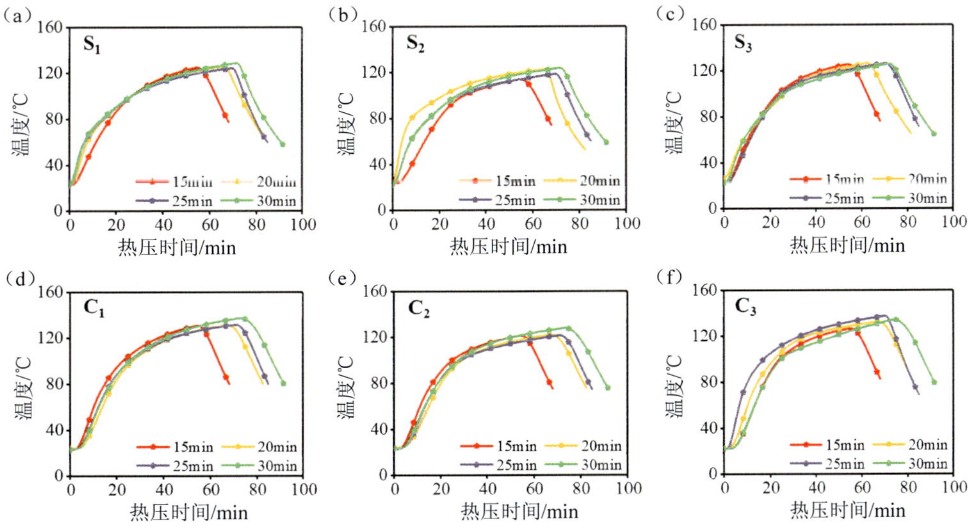

附图 14　保压时间对浸胶竹束板坯热压过程表层、芯层温度变化的影响

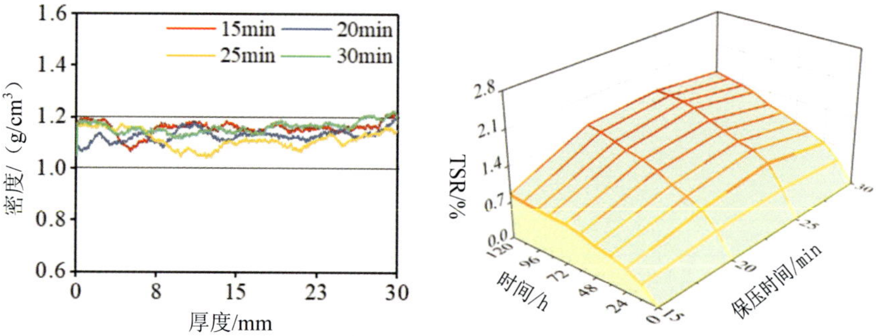

（a）剖面密度分布　　（b）120 h吸水厚度膨胀率

附图 15　保压时间对重组竹剖面密度分布与吸水厚度膨胀率的影响

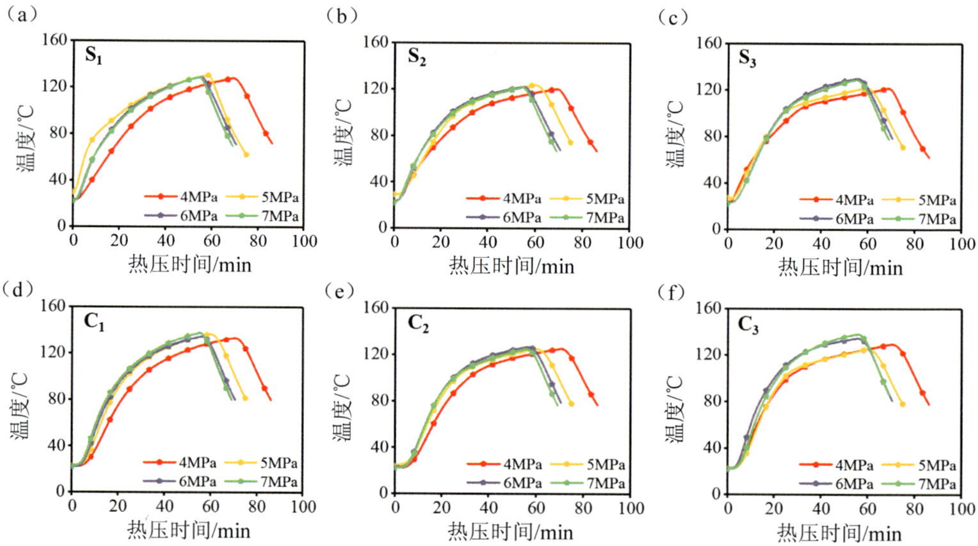

附图 16　热压压力对浸胶竹束板坯热压过程表层、芯层温度变化的影响

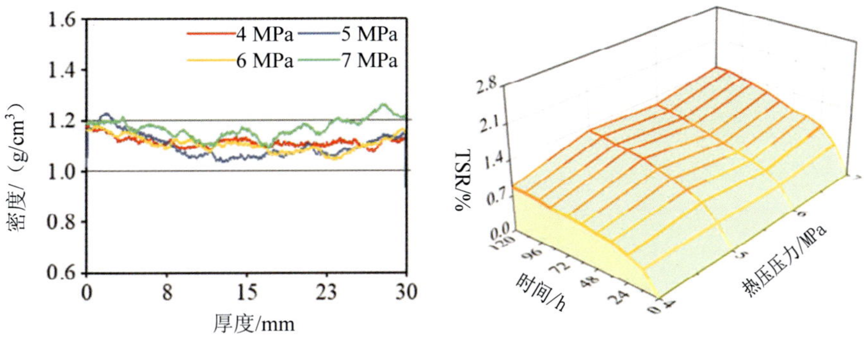

（a）剖面密度分布　　（b）吸水厚度膨胀率

附图 17　热压压力对重组竹剖面密度分布与吸水厚度膨胀率的影响

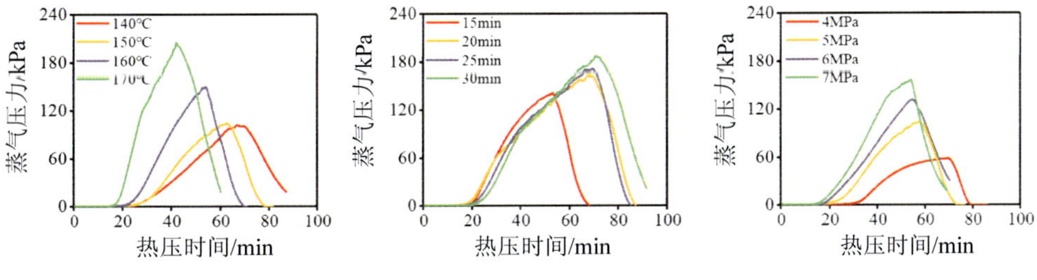

（a）热压温度　　（b）保压时间　　（c）热压压力

附图 18　不同热压参数浸胶竹束板坯热压过程中芯层蒸气压力变化

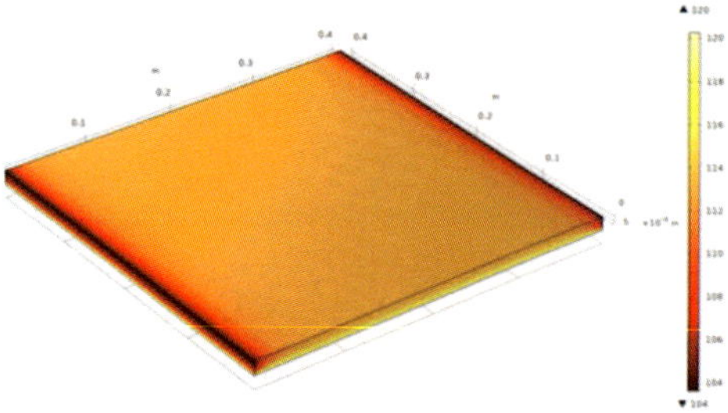

（a）温度分布

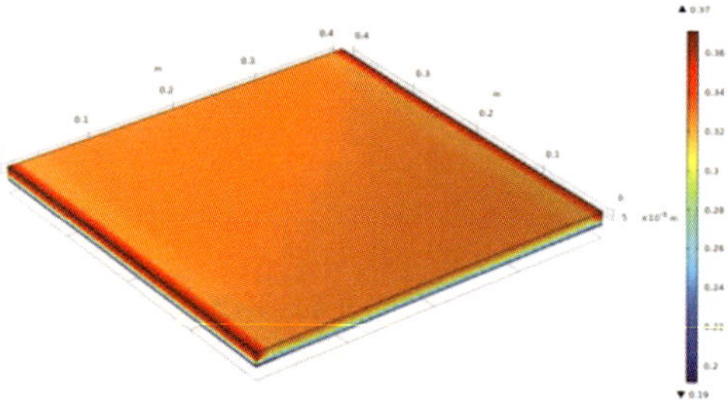

（b）相对湿度分布

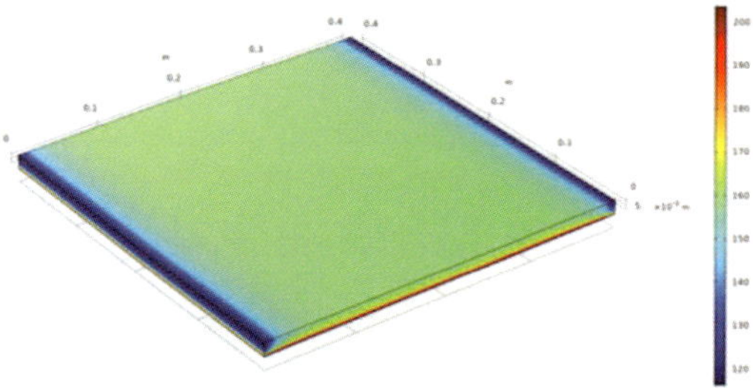

（c）蒸气压力分布

附图 19　模型模拟分布云图

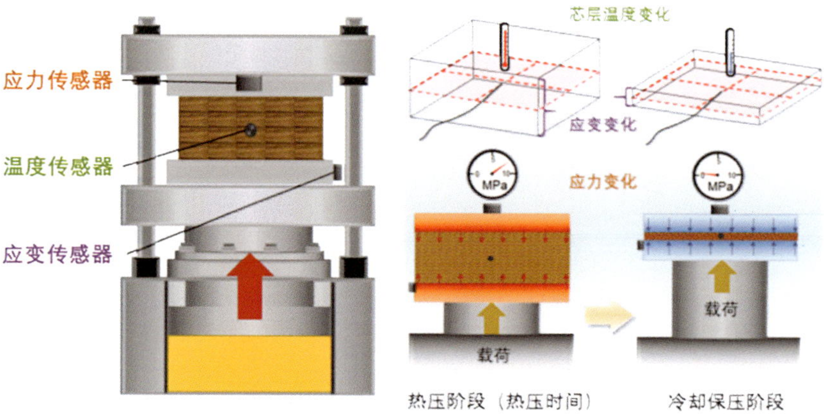

附图 20　浸胶竹束板坯应力-应变和芯层温度测量

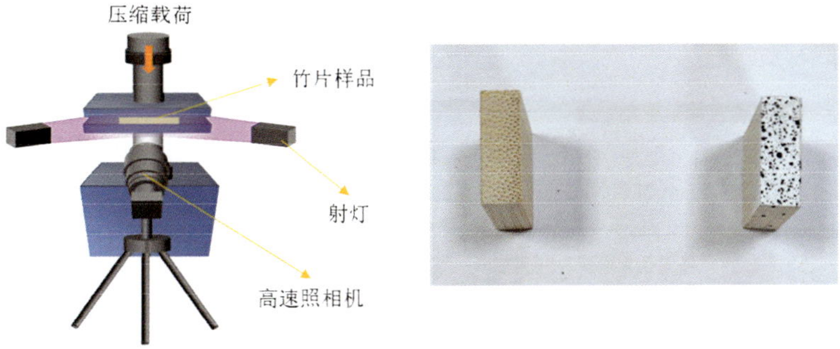

附图 21　数字散斑试验示意图和喷涂散斑样品

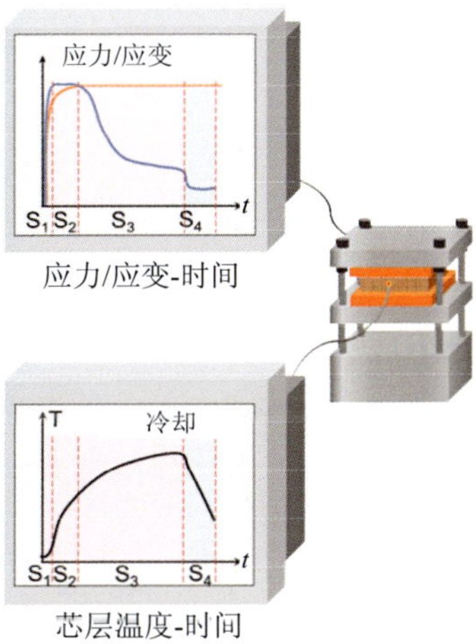

（a）浸胶竹束板坯热压过程中板坯应力-应变和芯层温度变化规律示意图

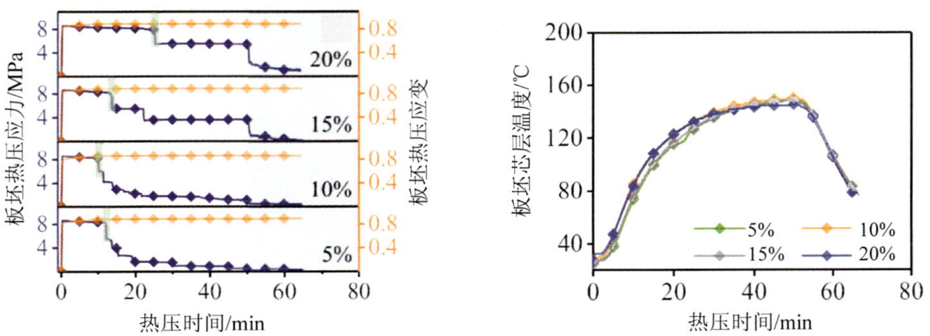

（b）　（c）

附图 22　初含水率对浸胶竹束板坯应力-应变和芯层温度变化的影响

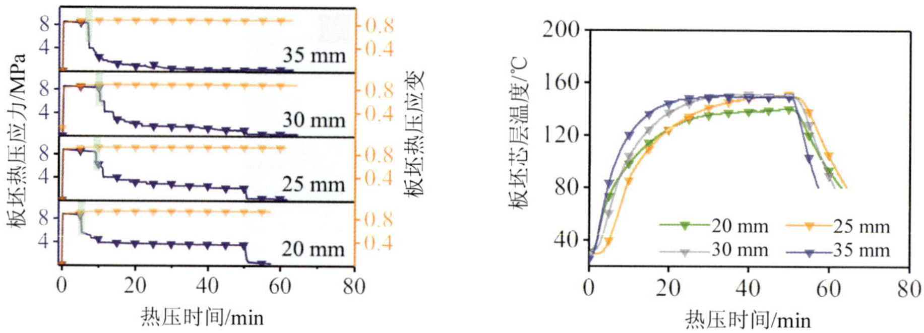

附图 23 目标厚度对浸胶竹束板坯应力-应变和芯层温度变化的影响

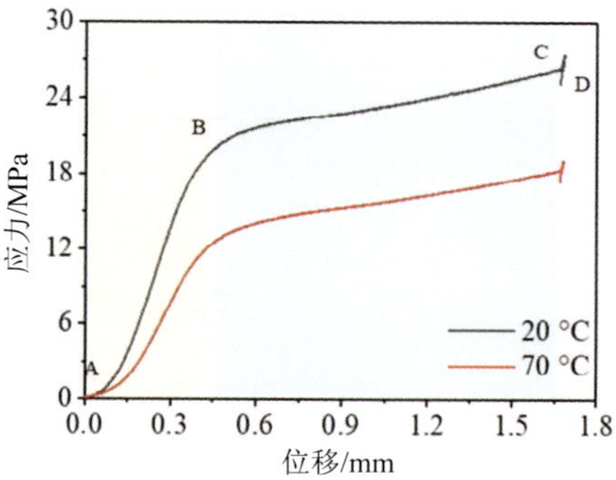

附图 24 20℃和 70℃条件下竹材压缩过程应力—位移曲线

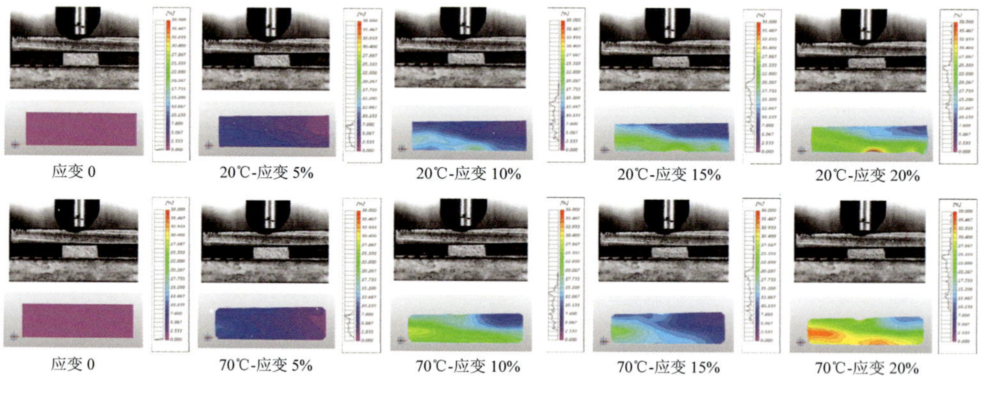

附图 25 20℃和 70℃条件下竹材压缩过程应变云图

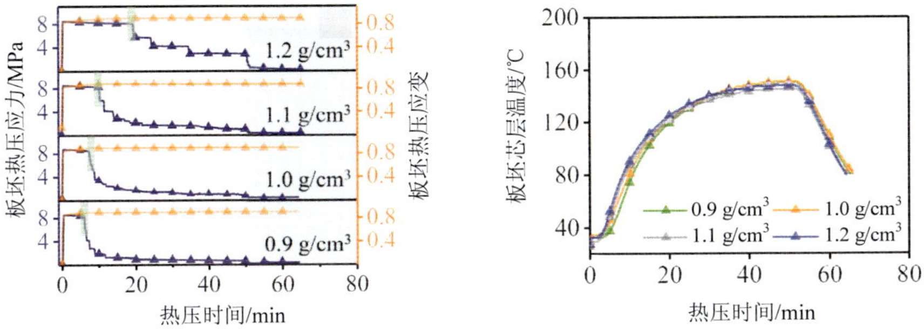

附图 26　目标密度对浸胶竹束板坯应力-应变和芯层温度变化的影响

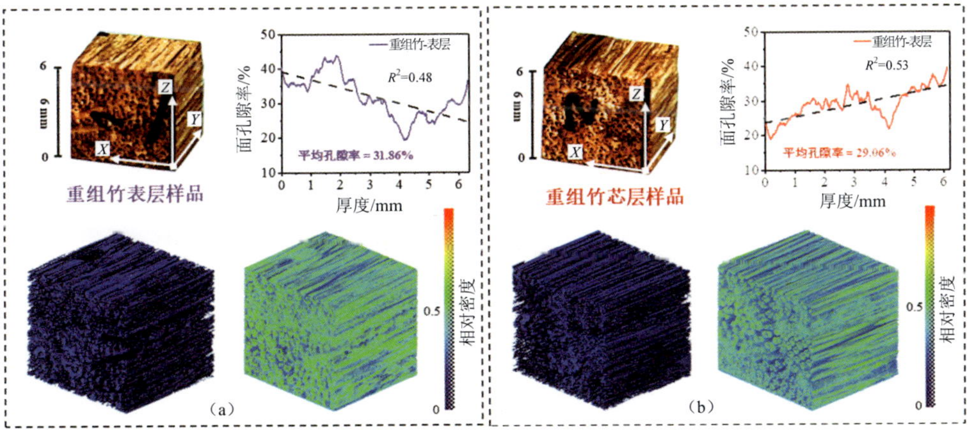

附图 27　重组竹芯层（a）和表层（b）X 射线 CT 扫描三维重构图和厚度方向孔隙分布图

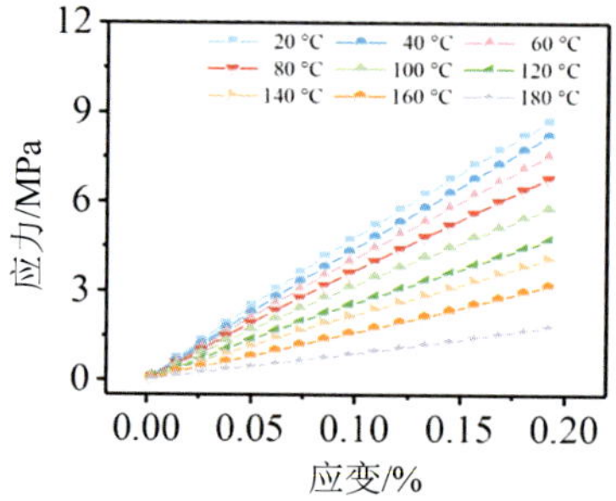

（a）应力-应变关系曲线

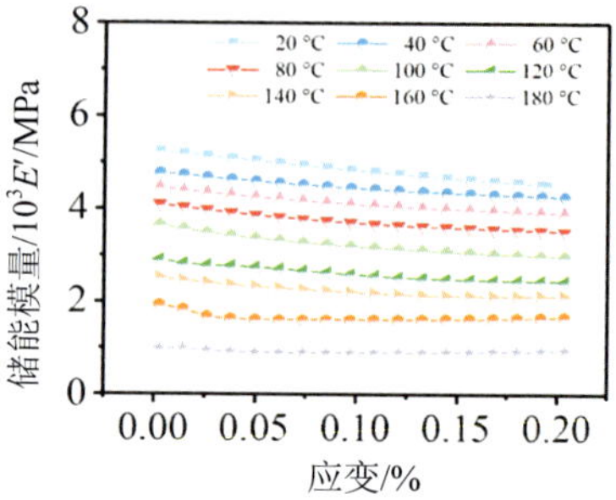

（b）储能模量 E'-应变关系曲线

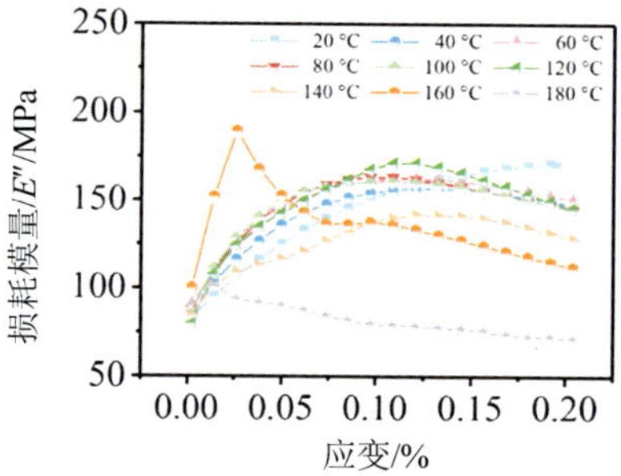

（c）损耗模量 E''-应变关系曲线

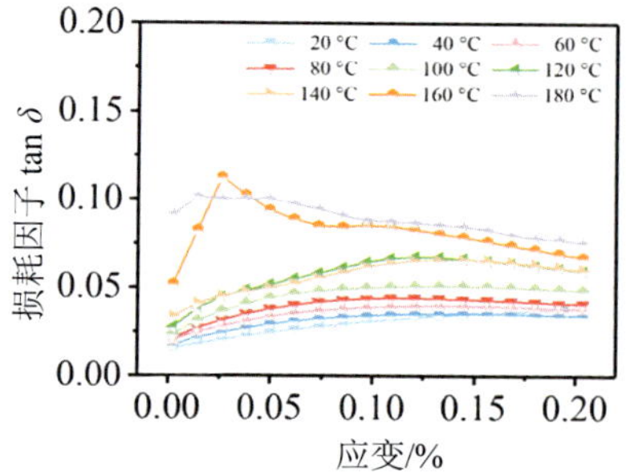

（d）损耗因子 tanδ-应变关系曲线

附图 28　含水率为 0.6%竹材试样在不同恒定温度条件下的动态应变扫描曲线

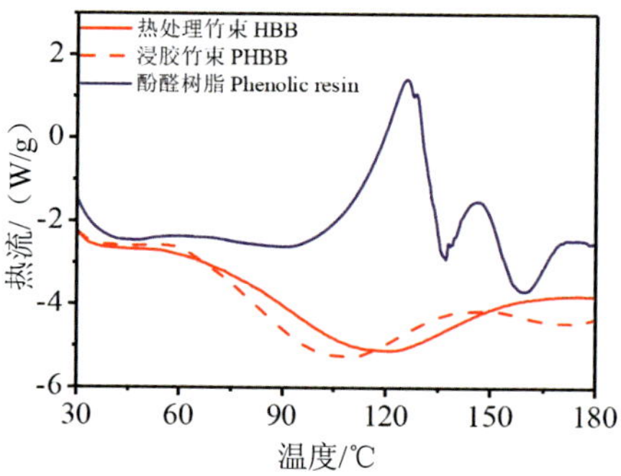

（a）

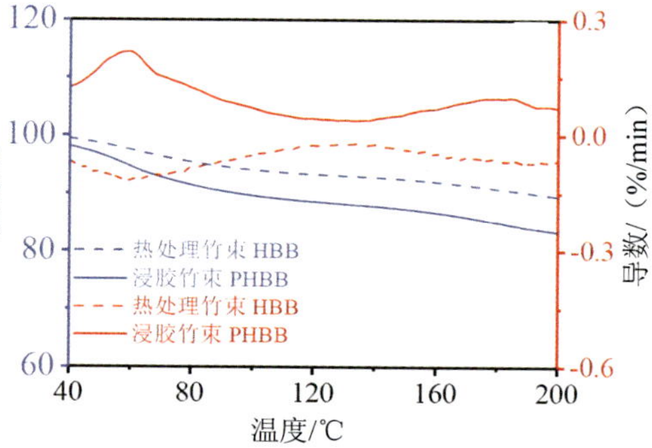

（b）

附图 29　热处理竹束、浸胶竹束和酚醛树脂 DSC 曲线（a）热处理竹束和浸胶竹束热重曲线（b）

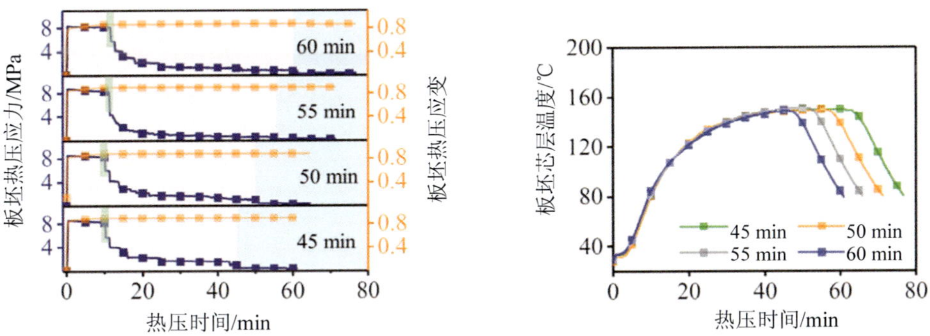

附图 30　不同热压时间对浸胶竹束板坯热压过程应力-应变和芯层温度变化的影响

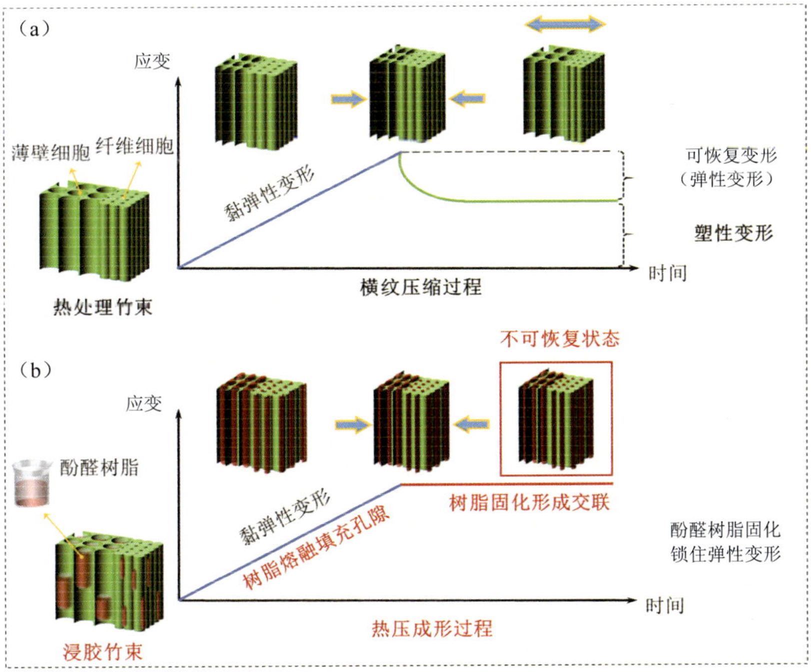

附图 31　树脂固化作用对浸胶竹束板坯热压过程弹性变形的影响

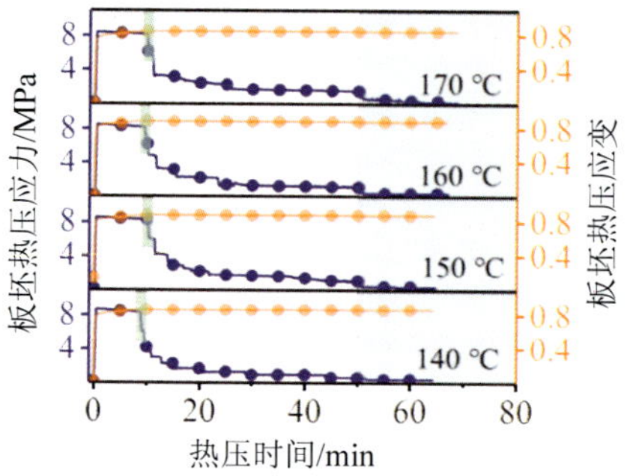

（a）

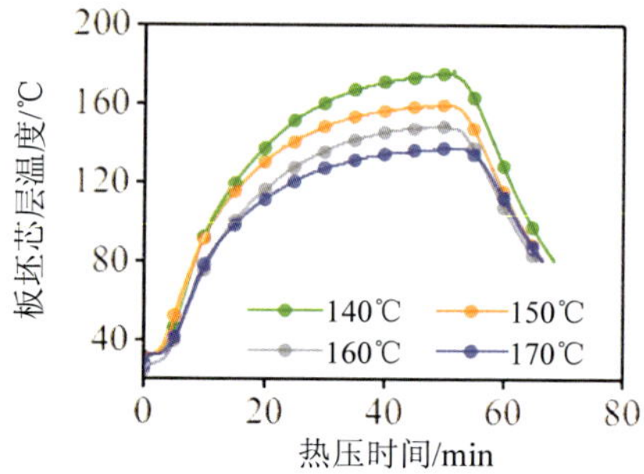

（b）

附图 32　热压温度对浸胶竹束板坯应力-应变和芯层温度变化的影响

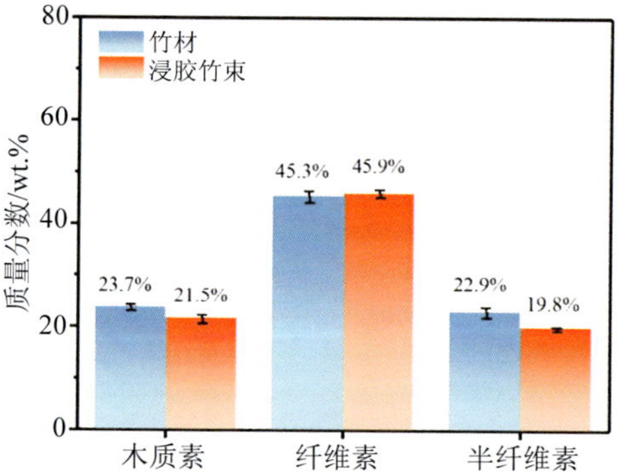

（a）竹材和浸胶竹束化学组分含量

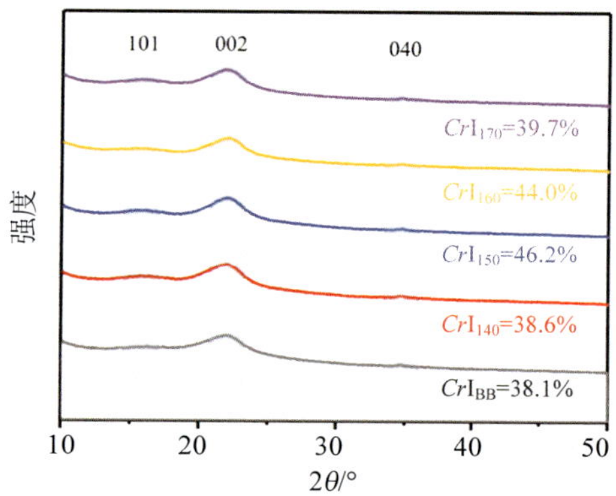

（b）竹束和不同热压温度重组竹 XRD 曲线

附图 33　化学组分与结晶结构